KB239161

초등학생이
가장 궁금해하는
폴짝 폴짝 곤충
이야기 30

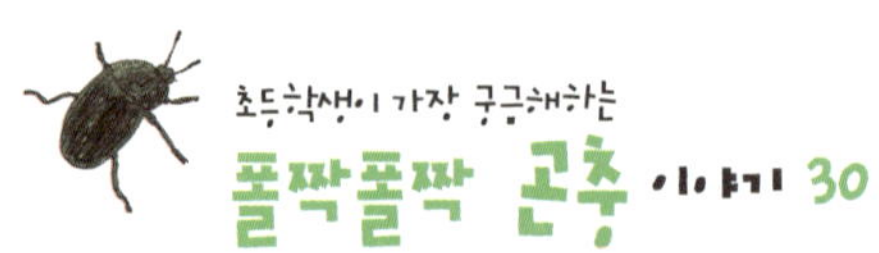

2015년 6월 10일 초판 1쇄 발행

지은이 | 김정덕
그린이 | 김정덕
펴낸이 | 한승수
마케팅 | 심지훈
편집 | 고은정
디자인 | 우디

펴낸곳 | 하늘을나는교실
등록 | 제395-2009-000086호
전화 | 02-338-0084
팩스 | 02-338-0087
E-mail | hvline@naver.com

ISBN 978-89-94757-14-8 64400
ISBN 978-89-963187-0-5(세트)

초등학생이 가장 궁금해하는

폴짝 폴짝 곤충 이야기 30

글 · 그림 김정덕

슈퍼로봇 깜상과 살인 딱정벌레의 습격

하늘을 나는교실

머리말

곤충, 작다고 무시하면 안 돼!

오늘 곤충 몇 마리 만났니? 으응? 한 마리도 못 만났다고? 그럴 리가! 곤충은 친구나 이웃처럼 우리 가까이에 있는데 말이야. 집 앞에 심어 둔 나무나 꽃밭에도 있고 매일 공부하러 가는 학교에도 있고 졸졸졸 흐르는 냇가나 산, 들판 어디에도 곤충은 살고 있거든. 곤충이 있는지 알아채기 어려운 것은 곤충이 아주 작기 때문일 거야.

그러나 눈에 잘 띄지 않을 정도로 작다고 곤충을 무시하지는 말아. 곤충은 지구에 공룡이 살기 훨씬 전부터 지금까지 살아남았으니까 말이야. 곤충이 이렇게 오랫동안 생존할 수 있었던 것은 바로 크기가 작기 때문이야. 크기가 작으니 아주 좁은 공간에서도 살 수 있고 적은 먹이만으로도 버틸 수 있었던 거지. 작은 고추가 맵다는 말은 곤충에 딱 어울리는 속담이 아닐 수 없어.

곤충이 대단한 점은 오래 살아남았을 뿐만 아니라 종류도 어마어마하게 많다는 데 있지. 지구에 사는 모든 동물의 종을 살펴보면 약 160만 가지에 달해. 그 중에서 곤충은 120만 종으로 75퍼센트를 차지하고 있어. 가장 많이 가장 오랜 시간을 살아남은 동물이 곤충인데도 우린 너무 곤충을 모르고 지내온 걸지도 몰라.

곤충에 대해 알고자 할 때 가장 어려운 점은 벌레와 곤충이 뭐가 다르냐는 거지. 그러나 곤충을 구분하는 것은 생각보다 간단해. 몸이 단단한 껍질에 싸여 있고, 몸과 다리에 마디가 있으며, 몸이 머리, 가슴, 배 세 부분으로 되어 있고, 세 쌍의 다리가 있다는 거야.

이런 기준으로 주위를 한번 둘러볼까? 일단 파리가 보이네. 몸이 세 부분으로 되어 있고 몸과 다리에 마디가 있고 다리가 세 쌍. 파리는 곤충. 다시 둘러보니 갑자기 나타나는 녀석, 바로 바퀴벌레야. 징그럽지만 자세히 보면 이 녀석도 곤충이야. 뭐 이렇게 징그럽고 구질구질한 것이 곤충이냐고 투덜대지 말고 이제 밖으로 나가서 숲으로 가 봐.

크고 멋진 뿔을 가진 천하장사 장수풍뎅이, 단단한 턱을 자랑하는 멋쟁이 사슴벌레, 격투기 선수처럼 튼튼한 앞다리를 가진 사마귀, 밤이 되면 꽁무니에서 아름다운 불빛을 내는 반딧불이, 숙녀처럼 하늘하늘 아름다운 날개옷을 입고 있는 나비, 부지런히 먹이를 모으면서 사람처럼 사회를 이루어 살아가는 개미와 꿀벌, 알을 등에 업고 다니며 키우는 아가 사랑 아빠 물자라, 애벌레가 아닌 척 자기 허물을 등에 지니고 다니는 변장술사 잎벌레 애벌레 등등. 온갖 신기하고 멋진 곤충들이 기다리고 있다고.

이 책에는 우리 주위에서 우리와 함께 살아가고 있는 곤충 이야기가 가득 들어 있어. 곤충 마스터를 꿈꾸는 병만이와 함께 곤충들의 세계로 함께 떠나 볼까!

2015년 6월 김정덕

차례

1. 장수풍뎅이

한밤의 침입자, 그리고 첫 번째 곤충 대결

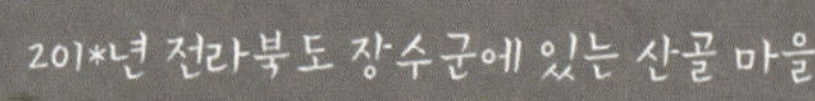
201*년 전라북도 장수군에 있는 산골 마을.

다음 날 아침.
꼬끼오~
할아버지,
병아리들이
죽었어요.

아니, 이게 무슨 일이야?

쿵!

철망을 쳤는데 어떻게
산짐승이 들었지?

할아버지, 여기
구멍이 뚫렸어요.

철망을 뚫을 만한
산짐승은 없는데….

쿵!
아, 그러기에
굵은 철망으로
하랬더니.
헉!

나, 곤충 좀 잡아 팔고 올 테니
점심은 알아서 차려 먹어요.

곤충 연구손지 뭔지 땜에
이 동네 곤충들이
씨가 마르겠어, 쯧쯧.

아, 연구소 덕에 용돈 벌이도 하고
좀 좋아요. 당신 먹는 막걸리 값이
어디서 나오는지나 알고 그래요?

누가 사다 달랬나? 그나저나 언놈이
이랬지? 족제비인가, 너구리인가?
거참, 이렇게 철망을 물어뜯을 수 있는
산짐승은 없는데….

여기 보세요. 마치
톱으로 자른 것 같아요.
병만이 너 학교는
안 갈 거야?
깜짝!
이크, 늦었다.
학교 다녀 올게요.
후다닥
어쩜 저렇게
지 애비를
쏙 빼닮았누!
딩
동
댕
오후, 수업이 끝난 시간.
무진 초등학교.
박수철아,
짜짜자짜짠~!
한병만 주세요.
짜짜자짜짠~!
쿠궁~
파바박!
너희들이 가져온 곤충이 국어사전에서
떨어지거나 뒤집어지면 지는 거야.
그리고 이긴 사람이 진 사람의 곤충을
갖는다, 알겠지? 자, 그럼 시작!
한 번에
뒤집어 버려라!
두둥~
단번에
끝장내 버려라!
두둥~
국어사전
사사삭
사사삭
한병만! 주세요!
한병만! 주세요!
비틀
탁!

박수철아, 박수철라,
짠짜짜잔짜!
휙!
탁!
휘청

영차!
앗!
병만이 풍뎅이가
떨어지겠어.
영차!
버둥
버둥

잘한다.
밀어내 버려!

병만이
풍뎅이가
피했어!
앗!
수철이 풍뎅이
떨어진다!
버둥
사삭!
아찔!

그렇지.
스피드를 이용해서
공격하는 거야.

영차, 영차,
한병만 영차!
영차, 영차,
박수철 영차!

끼기기긱~

영차
영차!
영차
영차!
부들 부들

힘내, 밀리면 안 돼!

아래로 파고들어!

수철이 풍뎅이가 병만이 풍뎅이
밑으로 들어갔어.
쓰윽!

오! 수철이 풍뎅이가
병만이 풍뎅이를 들어올렸어!
번쩍!
버둥 버둥

들리면 안 돼!
좋아, 들어서 던져 버려!

버둥 버둥
번쩍!

휙!

쿵!

오늘 곤충 대결은 박수철의 승리!

그럼 약속대로 네 장수풍뎅이는 내가 가진다.
샥!

부르르
불끈

다음 대결은 내가 곤충의 종류를 정할 거야!

좋을 대로. 어떤 곤충으로 할 건데?

다음번 대결은 이걸로 하겠어.
두둥~

아니, 저건!
우~, 저건 너무 심한데!
오, 생각지도 못했던 곤충이야.

곤충 세계의 천하장사, 장수풍뎅이

장수풍뎅이는 아이들에게 가장 인기가 있는 곤충이다. 우선 크기부터가 남다르다. 다른 풍뎅이하고는 비교가 안 될 정도로 커서 30밀리미터에서 60밀리미터나 된다. 머리에는 커다랗고 멋진 뿔이 나 있는데, 그 길이가 몸길이의 반 정도나 차지한다. 가슴에도 갈고리처럼 두 갈래로 갈라진 날카로운 뿔이 나 있다. 암컷은 수컷에 비해 크기가 약간 작은데 뿔이 없는 대신 몸집이 좀 통통하다.

장수풍뎅이는 참나무, 밤나무, 상수리나무에서 흘러나오는 진을 먹고 산다. 그런데 참나무류의 달콤한 진은 장수풍뎅이뿐만 아니라 사슴벌레, 풍이, 말벌, 나비 등도 좋아한다. 하지만 장수풍뎅이는 힘이 워낙 장사여서 다른 곤충들을 밀어내고 자기가 먼저 참나무 진을 먹는단다. 괜히 먹겠다고 덤볐다간 커다란 뿔에 내동댕이쳐지기도 한다.

이따금 장수풍뎅이만큼 힘이 센 사슴벌레가 도전하기도 하지만 대부분 장수풍뎅이의 큰 뿔에 받혀 나무 아래로 나가떨어져 버린다. 그렇지만 매번 장수풍뎅이가 이기는 것은 아니다. 아주 드물게 사슴벌레가 이기는 경우도 있다. 그래도 역시 곤충계의 천하장사는 장수풍뎅이다!

장수풍뎅이 암수

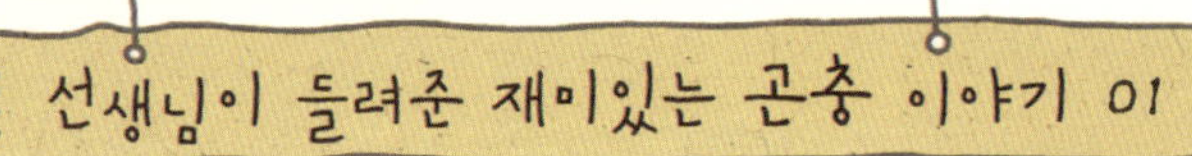

장수풍뎅이의 애벌레

장수풍뎅이 애벌레에 대해서 알아볼까? 알에서 깨어난 장수풍뎅이 애벌레는 어른벌레가 되기 전에 3령의 기간을 보내. 여기서 '령'이란 곤충이 허물을 벗고 크기와 모양이 달라지는 것을 말해. 알껍질을 벗고 애벌레가 되면 1령, 애벌레가 첫 번째 허물을 벗으면 2령, 두 번째 허물을 벗으면 3령이라고 해. 허물을 한 번 벗을 때마다 한 령씩 더 늘어나. 그러니까 3령이란 허물을 두 번 벗었다는 뜻이지. 허물을 두 번 벗은 애벌레는 나무나 흙 속에서 겨울을 나. 그리고 날이 따뜻해지면 썩은 나뭇잎이나 나뭇조각을 먹고 영양분을 잔뜩 저장한 후에 번데기 방을 만들고 그 속에서 어른벌레가 되길 기다리지. 번데기일 때에도 이미 장수풍뎅이의 멋진 모습을 알 수 있을 정도야. 시간이 지나 날개까지 완전히 다 만들어지면 어두운 땅속에서 햇빛이 비치는 바깥세상으로 나온단다.

장수풍뎅이 애벌레

장수풍뎅이는 어떻게 잡을까?

곤충 중에서도 힘이 장사라고 알려진 장수풍뎅이를 잡아서 관찰하고 싶은 마음이 들지 않니? 그러기 위해서는 먼저 진이 많이 흐르는 참나무를 찾아내야 해. 장수풍뎅이는 참나무의 진을 좋아하거든. 그리고 과일도 좋아해. 이 점을 이용해 장수풍뎅이를 찾는 거야. 낮에 참나무 껍질에 바나나나 파인애플 즙을 바르고 밤에 다시 가서 장수풍뎅이가 모여 있는지 보고 채집하면 돼. 장수풍뎅이는 주로 밤에 활동하는 야행성이니까 밤에 가면 발견할 가능성이 많단다.

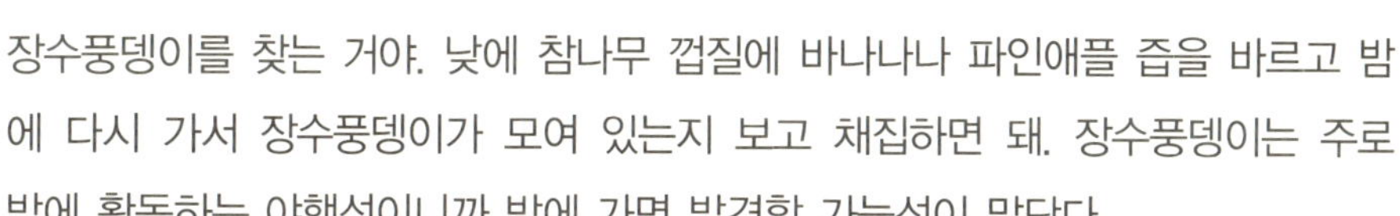

곤충의 생김새를 알아보자!

만일 누군가가 "곤충은 어떻게 생긴 동물이지?" 하고 물어온다면 어떻게 대답해야 할까?

제일 먼저 곤충은 몸이 딱딱한 껍질에 싸여 있다는 걸 설명해. 몸과 다리에 마디가 있다는 것도! 그 다음은 곤충의 세세한 부분까지 설명하면 돼. 곤충의 몸이 머리, 가슴, 배 세 부분으로 되어 있고, 더듬이 한 쌍, 겹눈이 한 쌍, 세 쌍의 다리와 두 쌍의 날개가 있다는 것까지 말해 주면 훌륭한 설명이지. 아래에 있는 폭탄먼지벌레와 같이 그림까지 그려 주면 더 완벽할 거고!

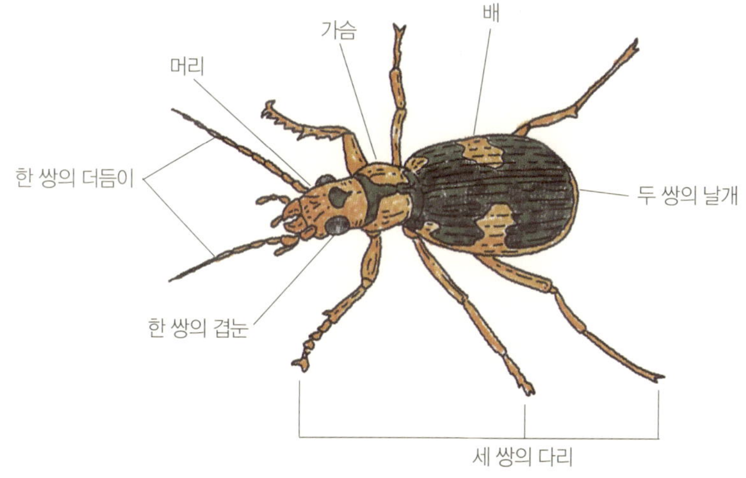

2. 꿀벌

소년이 처음 소녀를 만났을 때

이삿집 센터 분들이
정리를 잘해 주셔서
따로 손 댈 게 없네.
이런 산골에서
어떻게 살아요?

네 아토피에는 이렇게 오염되지
않은 시골이 좋다잖아.
쓱싹
쓱싹

걸레질 몇 번
했다고 땀이 나네.
아무리 그래도…
친구들도 못 만나고.

전화하면 되잖아. 얼굴 보고
싶으면 화상으로 통화하면 되고.

그게 어떻게 직접 만나는 거랑
같아요? 눈에서 멀어지면
마음마저 멀어진다는데.
붕~

하하하, 너 그런 말은
또 어디서 배웠니?
붕
붕

만날 사람은 언제고 다시
만나게 되어 있어. 너 사람
인연이 그렇게 쉽사리
끊어지는 줄 아니?
저리 가!
휙!
휙!
쓱쓱

아악! 엄마!

왜 그래,
단비야?

왜 그래?
무슨 일이야?

벌이 목덜미를 쏘았어요.

어머, 이걸 어째?
침이 박혀 있어.

단비야, 잠깐만 기다려 봐.
엄마가 침을 빼 줄게.

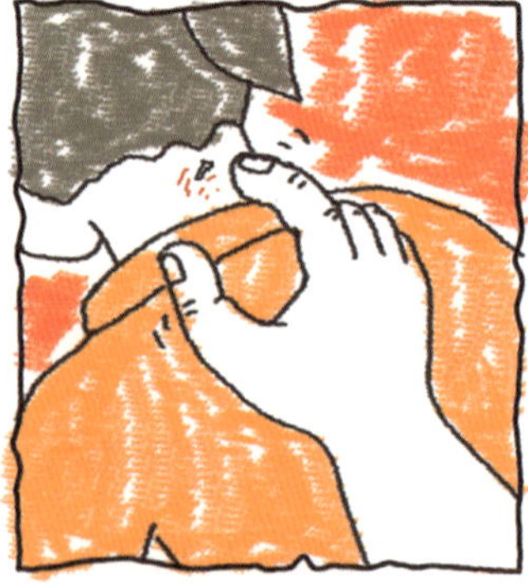

안 돼요,
아줌마!
멈칫
후다닥

손으로 하면 더 깊이
들어갈 수 있어요. 이 카드로
살살 문질러서 빼세요.
교통 카드

살
살
살

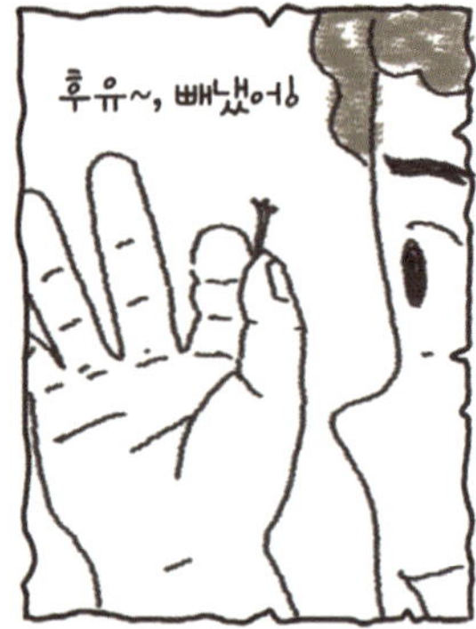
후유~, 빼냈어!

얼음주머니를 대고 있으면
붓기도 가라앉고 덜 아파요.

어, 그래, 고맙구나. 너 아니었으면
큰일 날 뻔했구나.
넌 어디 사는 누구니?

저 호미고개 너머 끝집에 사는
한병만 주세요예요.

복잡한 사회생활을 꾸려가는 꿀벌

꿀벌은 함께 모여 서로 도우면서 사는 사회생활을 한다. 복잡한 사회를 구성하는 꿀벌, 말벌, 개미는 같은 벌목으로 1억 3천만 년 전 같은 조상에서 나뉘어 진화했다고 한다. 어쩐지 색이나 날개의 있고 없음만 다를 뿐 겉모습은 많이 비슷하더라니. 실제로 혼인비행을 위해 날개를 달고 나는 여왕개미를 보고 벌인 줄 알고 깜짝 놀란 적도 있다.

꿀벌은 여왕벌, 수벌, 일벌로 사회를 구성한다. 여왕벌은 애벌레 때부터 일벌들이 제공해 주는 로열 젤리를 먹고 자라며, 수벌과 단 한 번 혼인비행을 한 후 평생 알을 낳는 일만 한다. 수벌은 평소에 아무 하는 일 없이 빈둥거리다가 여왕벌과 짝짓기를 한 후 바로 죽는다. 일벌은 부지런히 일만 한다. 집 짓고, 꿀 따오고, 청소하고, 애벌레 키우고, 여왕개미의 시중을 드는 등등. 나이가 들면 맡는 일이 달라지는데, 집을 지키고 애벌레를 돌보는 건 나이 어린 일벌이 하고, 꿀과 꽃가루를 따오는 건 가장 나이 든 일벌이 한다. 각자 맡고 있는 일이나 나이에 따라 맡는 일이 달라진다는 것까지 어쩜 이렇게 인간 사회와 비슷할까 몰라!

꿀벌 가족이 많아지면 새로운 여왕벌을 키워 사회를 이루게 하고 원래 있던 여왕벌은 일벌을 데리고 다른 곳으로 이사를 간다. 자식이 성장하면 부모가 자식을 분가시키는 인간 사회와 달리 여왕벌은 스스로 분가를 한다니 참 신기하다.

꿀벌 무리

꿀벌은 춤으로 이야기한다고!

꿀벌은 춤을 아주 잘 춰. 타고난 춤꾼이지. 흥이 참 많은 곤충이라고 생각할지 모르겠지만 꿀벌이 춤을 추는 이유는 따로 있어. 흥에 겨워서가 아니라 동료 벌들에게 아주 중요한 정보를 전달하기 위해서야. 바로 꿀벌의 먹이인 꿀이 어디에 있는지를 춤으로 알려주는 거야. 숲과 들판 이곳저곳을 돌아다니다 꿀을 발견한 벌은 집으로 돌아와 자기가 찾은 꿀을 한 방울 떨어뜨려 놓고는 춤을 추기 시작해. 그런데 무슨 춤을 추냐고? 원형춤과 팔자춤이야. 원형춤을 추는 것은 아주 가까운 곳에 꿀이 있다는 사실을 알리기 위함이고, 팔자춤을 추는 것은 먼 곳에 꿀이 있다는 사실을 알리기 위해서야. 이때 춤을 추는 꿀벌의 머리는 꿀이 있는 방향을 가리키고 있단다.

꿀벌의 침은 어떻게 생겼을까?

벌이 무서운 건 쏘이면 통통 붓고 아픈 침 때문이야. 그런데 벌의 침은 수벌에게는 없고 암벌에게만 있어. 침은 원래 알을 낳는 산란관이었는데 침으로 바뀐 거거든. 그러니 만일 꿀벌에게 쏘였다면 그건 분명 암벌의 침이라는 거지. 하기야 어차피 수벌은 벌집 안에서 빈둥거리며 나오지도 않으니까 붕붕거리며 날아다니다 우리를 쏘는 벌은 당연히 암벌일 수밖에 없지만 말이야.

낚싯바늘

꿀벌의 침은 낚싯바늘 모양으로 생겼어. 그래서 사람에게 침을 쏘면 사람의 피부에 박혀서 뽑아낼 수가 없단다. 물고기가 낚싯바늘에 걸리면 빠져나올 수 없는 것처럼 말이야. 침이 빠지지 않아 고통 받는 건 사람뿐만은 아니야. 침을 쏜 꿀벌도 침을 빼지 못해 몸부림치다 침과 연결된 복부의 일부분까지 빠져서 죽어버리고 말지. 반면 말벌의 침은 낚싯바늘처럼 생기지 않아서 여러 번 계속해서 침을 쏠 수가 있어. 그러고 보면 한 번 쏘고 죽어 버리는 꿀벌의 침은 말벌에 비해선 애교 수준이라고 봐야 하나?

꿀벌에게 쏘이면 이렇게 처치하자!

꿀벌에게 쏘이면 침에 쏘인 부위가 따갑고 화끈거리고 퉁퉁 부어. 이때 가장 먼저 해야 할 일은 벌이 있는 곳에서 먼 곳으로 피한 다음 침을 빼내는 거야. 침을 손으로 빼는 것보다 버스카드나 신용카드를 침에 쏘인 피부에 대고 눕혀서 살살 긁어 내야 잘 빠진단다. 손으로 뽑으려다 잘못하면 더 깊이 들어갈 수도 있거든. 그 다음엔 비누와 물로 씻어 감염을 예방해야 해. 그러고 나서 얼음찜질을 하면 붓기를 가라앉히고 통증을 줄일 수 있어.

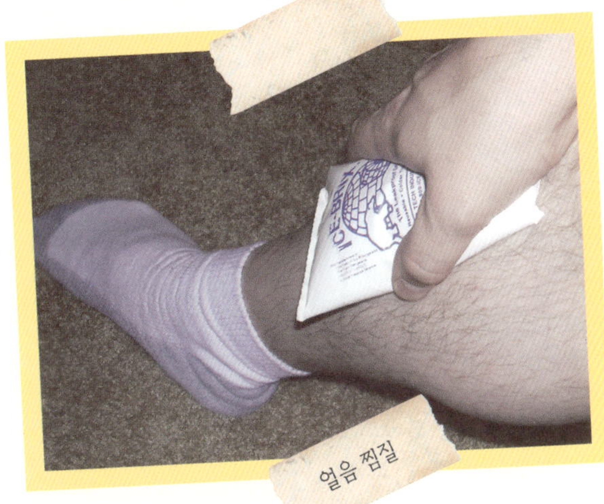
얼음 찜질

그래도 낫지 않는다면 병원으로 가서 전문의의 진찰을 받아야 하겠지. 꿀벌의 침에는 독성이 약하게 들어 있지만 말벌이나 땅벌은 침의 독성이 강하기 때문에 응급조치 후 반드시 병원에 가야 해.

3. 개미

다시 만나다

도대체 얼마나 가야 병만이네 집이 나오는 거야?

엄마 너무해. 산골짜기 집까지 이사 떡을 돌리라니, 후유~.

어머, 왕개미들이잖아. 다들 바쁘네.

와, 힘이 정말 장사다. 저렇게 큰 먹이를 들다니.
끙차!

어머, 얘네들은 서로 힘을 모아서 먹잇감을 옮기네.
영차!
영차!

정말 신기하다. 서울에 사는 개미보다 훨씬 크고 멋지게 생겼어.

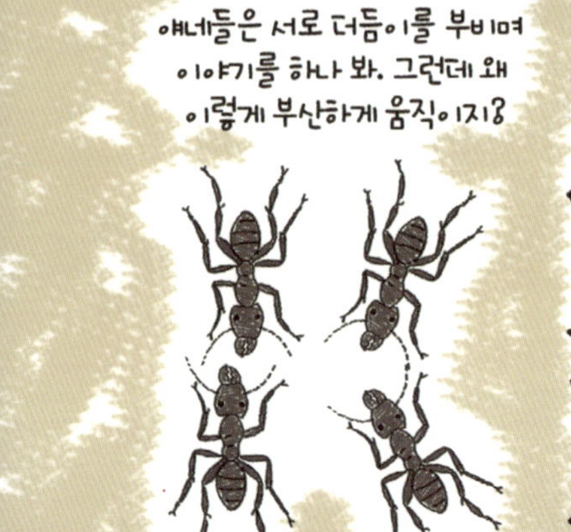
얘네들은 서로 더듬이를 부비며 이야기를 하나 봐. 그런데 왜 이렇게 부산하게 움직이지?

맞아, 개미가 진을 치면 비가 온다고 했지.

비가 올지 모르니 서둘러야겠다.
벌떡!

개울 건너
조금만 가면
나온다고 했는데.

!

후유~,
저기인가
보네.
어휴, 더워!

얘, 여기 이사 떡
가져왔는데 받아.

어, 그 그래.
툭!

우아, 맛있겠다.

떡이 뭐가 좋다고. 피자나 햄버거면
또 몰라도. 하여튼 시골애들이란.
절래
절레

근데 너 괜찮아?
움찟!

무슨 짓이야?
탁

아 아니, 너 그때 벌에 쏘인 데가
괜찮은지 궁금해서….

그걸 네가 왜 신경 써?
저리 안 가?

저리 가라고!
아, 알았어. 내가 뭘 어쨌다고 그래?

컹컹 컹!
깜짝

왜 그래? 내가 뭘 어쨌다고 그래?
컹컹컹!

어? 너, 너는 깜상?
울먹울먹

깜상? 너 살아 있었구나.
?

까 깜상, 왜 그래? 나 단비야. 기억 안 나?
크르릉~.
주춤 주춤

컹 컹 컹
흠칫

아, 알았어. 그만 짖어. 하기야 깜상이 살아 있을 리가 없지.
컹컹컹

검둥아, 그만 짖어!

검둥이? 이 개 이름이 검둥이야?

나도 몰라. 얼마 전 길을 헤매고 있는 유기견을 데려와서 그냥 검둥이라고 부르고 있어.

유기견이라고? 그런데 깜상이랑 정말 비슷하게 생겼어.

병만이의 곤충 일기

각자 할 일이 정해져 있는 개미 사회

개미는 함께 모여 서로 도우면서 산다. 개미 사회는 여왕개미, 수개미, 일개미로 구성되어 있다. 여왕개미와 수개미에게는 날개가 달려 있고 일개미는 날개가 없다. 여왕개미는 일개미들의 시중을 받으며 평생 알 낳는 일만 한다. 개미 사회가 유지되기 위한 모든 일은 일개미들이 도맡아 한다. 종족을 번식시키는 중대한 임무를 혼자서 도맡아 하고 있으니 여왕개미가 일을 하지 않는 것은 당연해 보인다. 그런데 알도 낳지 않으면서 빈둥빈둥 노는 개미가 있다. 바로 수개미다. 일도 안 하고 놀고먹지만, 개미 사회에서 수개미는 중요한 역할을 한다. 바로 여왕개미와 짝짓기를 하는 것이다. 수개미는 여왕개미와 함께 혼인 비행을 마치곤 바로 죽는다.

일개미는 모두 암캐미로 부지런히 일만 한다. 여왕개미를 돌보고 여왕개미가 낳은 알도 돌본다. 먹이도 구해 오고, 집도 짓고, 청소도 하고, 적을 무찌르는 등 온갖 일을 한다. 그런데 일개미는 나이가 들면서 하는 일이 달라진다. 어릴 때는 여왕개미와 알을 돌보고, 나이가 들면 청소 등을 맡는다. 더 나이가 들어서는 밖에서 먹이를 구해 온다. 젊어서는 일자리를 찾아 헤매고, 늙어서는 갈 곳이 없어서 떠도는 인간 사회의 사람들보다 낫다는 생각이 든다.

여왕개미와 일개미

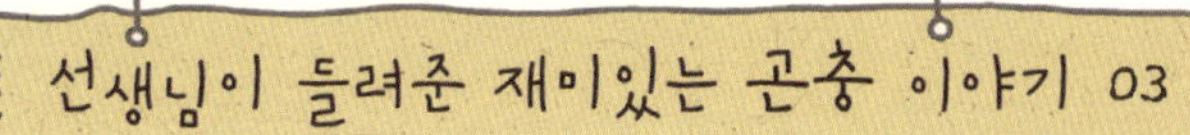

서로 돕고 사는 개미와 진딧물

엉겅퀴 같은 식물의 줄기에는 수액을 빨아먹고 사는 진딧물이 우글우글해. 그 사실을 알고 있는 무당벌레는 진딧물을 잡아먹기 위해 엉겅퀴로 날아온단다. 진딧물에게 무당벌레는 무시무시한 천적이야. 무당벌레가 한번 출동하면 진딧물은 살아남기 힘들지. 그런데 무당벌레의 접근을 막아 진딧물을 잡아먹지 못하도록 하는 곤충이 있는데, 바로 개미야. 진딧물은 자신을 지켜 주는 개미에 대한 보답으로 개미에게 단물을 선사해 주지. 진딧물이 수액을 빨아먹고는 꽁무니에서 단물을 내보내 개미에게 먹도록 하는 거야. 이렇게 개미와 진딧물처럼 서로 도움을 주면서 사는 관계를 '공생'이라고 한단다.

개미와 진딧물

개미에게 있는 특별한 능력을 알아보자!

개미에게는 우리가 생각하는 것보다 훨씬 많은 능력이 있어. 사람처럼 함께 사회를 이루어 사는 것 외에도 농사도 짓고, 가축도 기르며, 날씨 예측도 하지. 믿을 수 없다고? 그럼 한번 볼래.

(1) 농사를 짓는 개미

잎꾼개미들은 버섯 농사를 지어서 먹고 살아. 일개미들이 나뭇잎을 잘라서 개미굴로 지고 오면 작은 일개미들이 나뭇잎을 잘게 씹어 놓지. 잘 씹어 놓은 나뭇잎 위에 버섯균을 가져다 심으면 버섯이 자란단다. 이렇

게 기른 버섯은 모든 개미 가족의 맛있는 식량이야.

잎꾼개미

(2) 기상 캐스터 개미

'개미가 진을 치면 비가 온다.'는 속담이 있어. 비가 오려고 하면 개미들이 한 줄로 부산하게 오고가는 것을 볼 수 있어서 나온 말이야. 이것은 개미가 예민한 감각기관으로 대기 중의 습기가 많은 것을 느꼈기 때문이야. 비가 오면 개미집이 위험해질 것에 대비해 알을 옮기거나 이사를 하는 등 대비를 하는 것이지.

(3) 저축왕 개미

꿀단지개미는 먹잇감이 별로 없는 거칠고 메마른 땅에서 살아. 그래서 당분을 구할 수 있는 짧은 시기에 배 속에 당분을 많이 저장해 둬. 그러다 나중에 먹이를 구하기 어려운 시기가 되면 저장하고 있던 당분을 동료 개미들과도 나누어 먹지. 마치 사람처럼 미래를 대비하고 생각하는 참 알뜰한 개미야.

꿀단지개미

(4) 천하장사 개미

개미는 자기 몸무게보다 몇 십 배나 큰 물건을 들 수 있어. 사람의 경우 인간 기중기라고 불린 터키의 역도선수 술레이마놀루도 자기 몸무게의 3배 가까운 무게를 간신히 들어올린 걸 보면 개미의 힘이 얼마나 대단한지 알겠지?

(5) 건축가 개미

개미의 집은 여러 개의 방으로 되어 있어. 여왕개미의 방, 알방, 애벌레방, 번데기방, 일벌레방, 수개미방 등이야. 땅속 깊이 수직으로 굴을 파고 다시 여러 방향으로 굴을 파서 여러 개의 방을 만든단다. 개미의 집을 단면으로 보면 마치 미로처럼 보이지.

(6) 가축 키우는 개미

고동털개미는 진딧물을 가축으로 키워. 진딧물을 보호해 주기만 하는 게 아니라 진딧물의 알을 집까지 데려가서 알이 깨어날 때까지 돌보기까지 한단다. 또 말레이시아개미는 연지벌레를 가축으로 키워. 연지벌레를 데리고 연지벌레가 좋아하는 식물을 계속해서 찾아다니지. 도대체 개미의 능력은 어디까지인지 모르겠지?

4. 무당벌레

곤충식량연구소, 그리고 두 번째 곤충 대결

이크!

?
사람 살려!
후다닥!

사람 살려? 내가 뭘 어쨌다고?

딩동댕
체육관
야, 수업 끝났다!
무진초등학교

2차 곤충 대결, 준비 됐지?

그럼!
오케이!

가져온 곤충을 내놔 봐.

이번엔 꼭 이기고 말 거야.
쓰윽!

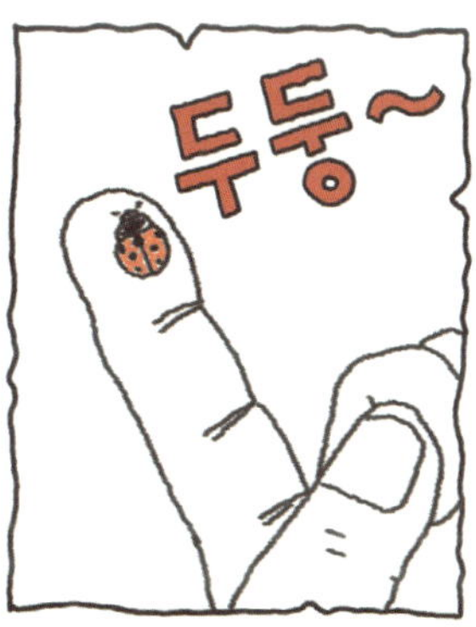

두둥~

무당벌레를 철봉에 붙여.
난 큰이십팔점박이 무당벌레!
난 칠성 무당벌레!

무슨 무당벌레가 점을 찍다 말았냐?

점 많아 봤자 점박이란 소리밖에 더 들어? 무당벌레 하면 칠성무당벌레가 최고라고.
북두칠성

가장 높이 올라가 날아오르는
무당벌레가 이기는 거야.
무당벌레를 철봉에 놓고 손 치워.

출발~!
꼼지락! 꼼지락!

한병만 이겨라!
박수철 이겨라!
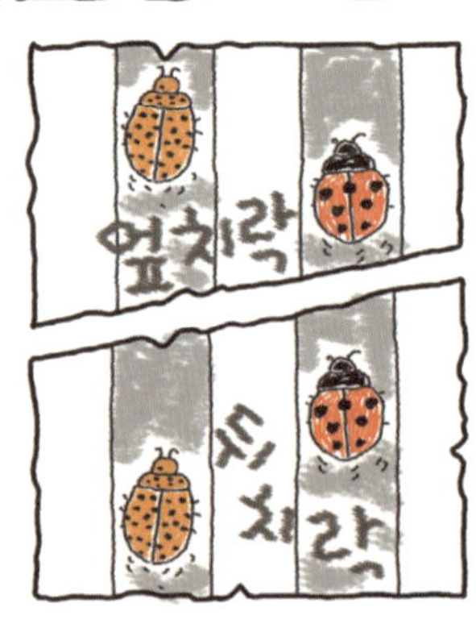
엎치락
뒤치락

옳지, 잘한다~
힘내~

우하하, 승리는 이번에도
나라니까 그러네.

붕~!
어어, 더 올라가서
날아야지.

병만이 무당벌레가
철봉 꼭대기까지
올라갔어~

높이 올라가도
날아오르지
못하면 내가
이긴 거지.
그렇지.
날아오르지
못하면
아무것도
아니지.

주저
주저
이제 그만
올라가고
날아올라.
날지 마라~
날지 마라~

머뭇
머뭇

병만이의 곤충 일기

무당이 입은 옷을 닮은 무당벌레

무당벌레에게는 무당이 입은 옷처럼 밝고 화려한 색상과 무늬가 있다. 그것 때문에 무당벌레라는 재미난 이름을 얻게 됐단다. 특히나 딱지날개에 작고 동그란 점이 콕콕 박혀 있어서 무척 귀엽다. 바가지를 엎어 놓은 것처럼 생겼다고 해서 됫박벌레라고 부르기도 한다.

무당벌레를 슬쩍 건드리면 몸에서 노란 액체가 나오는데, 액체에서는 비위에 거슬리는 냄새가 난다. 덕분에 자신을 잡아먹으려는 새나 쥐와 같은 천적으로부터 자신을 지켜낼 수 있다고 한다. 사실은 무당벌레의 밝고 화려한 색상과 무늬 또한 자신을 천적으로부터 보호하려는 수단이다. "나에게는 독이 있다. 어디 먹어 볼 테면 먹어 봐라."라고 말하는 거나 마찬가지라는 말씀!

반점이 일곱 개 박힌 칠성무당벌레와 남생이를 닮은 남생이무당벌레는 진딧물을 무척 좋아해서 농민들의 골칫거리인 진딧물을 없애 준다. 그래서 농민들은 무당벌레만 보면 대환영이다. 농약 대신 무당벌레를 풀어놓으면 자연도 살리고 농산물도 살릴 수 있기 때문이다.

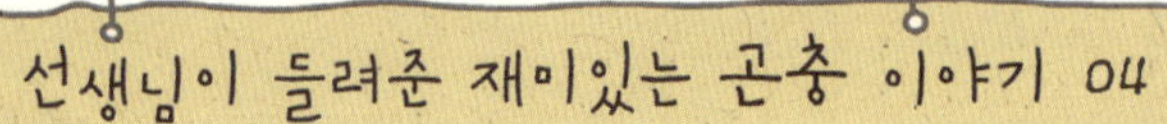

지구를 살리는 물건으로 선정된 무당벌레

유명한 환경운동가 존 라이언은 무당벌레를 '지구를 살리는 일곱 가지 불가사의한 물건들' 가운데 한 가지로 꼽았어. 무당벌레는 식물의 즙을 빨아먹는 진딧물을 잡아먹어. 농작물에 농약을 뿌리는 대신 이런 무당벌레를 풀어놓으면 자연을 해치지 않고 진딧물로부터 작물을 지킬 수 있지.

무당벌레

참고로 지구를 살리는 나머지 물건 중 몇 가지를 소개하면 다음과 같아. 자전거를 타면 자동차가 내뿜는 오염물질이 나오지 않아 자연을 보호할 수 있고, 빨랫줄에 빨래를 널면 태양과 바람에 의해 자연스럽게 빨래가 마르기 때문에 빨래건조기의 사용으로 생기는 전기 소모를 줄일 수 있지. 이렇게 지구를 살릴 수 있는 것으로 작은 무당벌레가 뽑혔다니 무당벌레를 다시 봐야겠지?

자연 방제 1

화학 방제보다 자연 방제가 대세!

해충을 없애기 위해 농약 같은 살충제를 뿌리는 것을 화학 방제라고 해. 세계 여러 나라에서 살충제를 만들어 사용한 것은 100여 년 전부터였어. 살충제는 해충을 없애면서 해충을 잡아먹는 이로운 곤충인 익충까지 없애고, 또 살충제를 자꾸 쓰면 살충제에 대한 저항력을 키워서 결국 더 많은 양의 살충제를 써야만 하는 부작용을 불러와. 그래서 살충제를 대신하는 방법으로 천적 곤충을 풀어놓거나, 곤충 페로몬을 사용하는 등 생물을 이용해서 해충을 막는 방법을 내놓았어. 이런 방법을 자연 방제라고 하지. 요즘은 자연 방제가 대세란다. 자연 방제는 화학 방제처럼 환경을 파괴시키지 않기 때문이야.

어른벌레인 상태로 겨울을 나는 곤충!

곤충은 대부분 알이나 애벌레 상태로 겨울을 나. 하지만 어른벌레인 채로 매서운 추위를 견디며 사는 곤충도 있지. 무당벌레가 대표적이야. 무당벌레는 나무 틈이나 나뭇잎 아래에서 여럿이 무리지어 겨울을 난단다. 사슴벌레나 하늘소도 나무 속에서 꼼짝도 하지 않고 봄이 오기를 기다려. 네발나비는 이른 봄부터 날아다니기 시작한다고 했었지? 네발나비도 어른벌레 상태로 겨울을 나기 때문이야. 그래서 봄이 되자마자 날아다닐 수 있는 거란다.

겨울잠 자는 무당벌레

가장 높은 곳까지 가서 날아야지

무당벌레는 가장 높은 곳까지 올라가 날아가는 습성이 있어. 〈스펀지〉라는 프로그램에서 실험한 결과, 7미터 건물 바닥에서부터 어디까지 올라가는지 실험을 했는데 무려 6미터 10센티미터까지 기어올랐다는 실험결과가 나왔지.

5. 거미

곤충식량연구소의 음모

어, 거미가
집 짓는다!
무릉 《 장수 》 진촌 BUS

그러네. 근데 색이
정말 예쁘다.

이건 무당거미야. 이제 빙빙
돌면서 그물처럼 집을 지어.

무당거미? 색은 예쁜데
이름은 왠지 으스스하네.

그지? 우리 집
근처에도
무당할매가 사는데
얼마나 무섭다고.

쇼트 트랙 선수처럼
시계 반대 방향으로 도네.

지금 치는 가로실은
끈적끈적해서
날벌레들이
잘 걸려들어.
오, 그래?

대단해!
벌레인데도
그물을 만들어
사냥을 하다니.

어? 저 버스
타야 되는데!
무릉 《 장수 》 진촌 BUS
장수여객
부우우웅~

아저씨이~!
장수여객
후다닥
부웅~!

끼이익~
무릉 43 신촌
오일장
43
WOODY

감사 합니다.
놓칠 뻔했네.
장수군

후유~, 이 버스 놓치면 꼼짝없이 지각인데, 살았다.
그러게! 호호.

곤충식량연구소.

소장실
유전자 조작 슈퍼 곤충 프로젝트는 어떻게 진행되고 있소?

현재 마무리 단계로 실전 테스트 중입니다.

세계 곤충 대전에서 우승해서 세계 곤충 시장의 주도권을 잡아야 하오.

염려 마십시오. 역사상 가장 잔인한 곤충 파이터가 탄생할 겁니다.
불끈

실험용 곤충은 충분하오?

동네 노인들에게 용돈 좀 집어 주니 아주 열심입니다. 온 산의 곤충을 다 잡아올 기세입니다.

희귀한 곤충을 잡아오면 돈을 더 준다고 하시오.

천연기념물도 괜찮습니까?
물론이오. 돈 될 만한 건 다 모으시오.

병만이의 곤충 일기

곤충이 아니지만, 알고 보면 매력 덩어리인 거미!

거미는 곤충처럼 보이지만 사실은 곤충이 아니다. 딱딱한 껍데기가 몸을 감싸고 있고 마디가 있는 다리가 여러 쌍 있어서 그런가 보다. 곤충의 몸은 머리, 가슴, 배의 세 부분으로 이루어져 있지만 거미는 머리가슴, 배의 두 부분으로 이루어져 있다. 게다가 곤충은 다리가 6개이지만 거미는 다리가 8개이다. 그래서 곤충보다는 전갈이나 진드기에 더 가깝다고 한다.

거미하면 제일 먼저 떠오르는 것은 거미줄이다. 거미줄은 배에 있는 방적돌기라는 곳에서 나오는데, 투명하고 가늘지만 아주 탄력 있고 튼튼하다. 거미줄로 친 거미집은 먹이를 잡는 덫이기도 하고, 또 잡은 먹이를 보관하는 창고이기도 하다. 집의 구석진 곳이나 숲에 쳐 있는 거미집을 보면 날벌레가 잡혀 있는 것을 쉽게 발견할 수 있다. 거미줄은 아주 끈끈해서 한번 달라붙으면 거의 빠져나가기 힘들다. 그런데 신기하게도 거미는 끈끈한 거미줄 위를 자유롭게 돌아다닐 수 있다. 거미 발에는 거미줄에 달라붙지 않도록 하는 물질이 있기 때문이다. 거미집에 이슬이 맺혀서 햇빛에 반짝이는 걸 보면 참 아름답다. 물론 무심코 지나다 머리에 달라붙으면 그것만큼 기분 나쁜 건 없지만 말이다.

거미는 털도 많이 나 있고, 징그럽게 생긴 데다 독까지 있어 좋아하는 사람은 별로 없다. 하지만 거미는 파리나 모기 등의 해충을 잡아먹어서 인간에게 도움을 주는 동물이다. 그러니 예뻐해 주진 못할망정 미워하진 말아야겠다.

거미

곤충처럼 생겼지만 곤충이 아닌 동물, 전갈

전갈은 얼핏 보면 곤충과 닮아서 곤충이라고 생각하는 경우가 많아. 몸의 일부인 머리가슴 부분이 딱정벌레처럼 딱딱한 갑옷을 입고 있어서 더 혼동하기 쉽지. 하지만 전갈은 거미처럼 머리가슴과 배로 나뉘어 있어서 곤충과 달라. 전갈은 다리가 네 쌍이고 앞에 커다란 집게발을 한 쌍 가지고 있어. 이 집게발은 곤충으로 치자면 발이 아니라 턱에 해당하고 먹잇감을 잡거나 짝짓기할 때 써. 또 꽁무니 쪽에는 위로 휜 꼬리가 있지. 꼬리 끝에는 무시무시한 독침이 있는데 꼬리를 이리저리 흔들며 찌르면 침에 찔린 동물은 몸에 독이 퍼져서 위험해. 전갈은 세계적으로 1천100종이 살고 있는데, 20종 정도가 독을 품고 있지. 하지만 전갈에 독이 있다고 해서 걱정할 건 없어. 독이 있는 전갈은 주로 더운 나라에 살고 우리나라에는 살고 있지 않으니까. 또 사람이 전갈을 귀찮게 하거나 해를 끼치지 않는 한 사람을 공격하는 일은 없거든. 전갈이 독침을 찌르는 경우는 적을 만났을 때 적을 위협하거나 먹이를 잡을 때야. 그런데 사람까지 죽게 할 수 있는 전갈의 독은 중풍이나 경풍 같은 병을 치료하는 약으로 쓰기도 했다니 참 신기해. 한 가지 물질이 사람을 죽게도 하고 살게도 한다니 말이야.

전갈

곤충이 아닌 것 같지만 곤충인 동물, 좀

좀은 날개가 없어서 곤충이 아니라고 생각하기 쉽지만 엄연한 곤충이야. 날개가 없는 곤충에는 좀 말고도 톡토기, 낫발이, 좀붙이 등이 있는데 이것들은 모두 다른 곤충들에 비해 진화가 덜된 원시 곤충에 속해. 좀은 평생 동안 60번이나 허물을 벗고도 애벌레와 거의 똑같은 모습을 하고 있고 다 자란 성충의 몸의 길이도 기껏해야 8~11밀리미터 정도로 작고 몸통이 길고 납작해서 실제의 크기보다 훨씬 더 작아 보이지. 좀은 사람이 사는 주택가 주변에 사는데 날개가 없는 대신 발이 무척 빠를 뿐 아니라 밤에 주로 활동하기 때문에 좀을 찾아내기란 여간 힘든 일이 아니야. 거기다가 사람이 사는 집에 좀이 좋아하는 먹이가 사라지자 좀도 사라졌지. 옷장 안에는 풀을 쑤어 풀을 먹인 이불 홑청이나 마 같은 천연섬유가 있었고 방바닥에는 종이장판을 깔았었는데 이런 것들이 다 좀의 먹이였거든. 사람이 사는 집 안에서는 좀이 사라졌지만 주택가 주변의 이끼라든가 식물성 물질이 남아 있는 썩은 나뭇속이나 낙엽 속, 아니면 돌 밑에서 살아가고 있어.

좀

6. 열점박이별잎벌레

잘못한 말 한마디

곤충도감에서 본 거랑
똑 같은데.

잘 보면 달라. 이건 보라고.

무당벌레는 동글동글한데, 잎벌레는
타원형이잖아. 또 무당벌레는 다리가
짧아서 잘 안 보이지만 잎벌레는
다리가 길고 말이지.
잎벌레
무당벌레

그렇게 보니 그런 거 같네. 그래도
이름은 무당벌레보다
열점박이별잎벌레가 예쁘네.

무당벌레는 진딧물을 잡아먹는
익충이지만, 이 녀석은 농작물을
갉아먹는 해충이라고.
없애야 해!

그래도 난 열점박이별잎벌레가
좋아. 점박이란 말도 귀엽고
별이란 말도 무언가 먼 우주에서
온 것 같아 신비롭잖아?
그러니까 건드리지 마!

좋아하는 건 네 마음이지만,
잎벌레의 애벌레를 보면
그런 소리 못할 거야.

그건 그렇고. 내일 하는 대결에는
어떤 곤충이 나와?

아 참, 그것 때문에 그러는데
너희 집 쌀독 좀 보자.

뜬금없이 남의 집 쌀독은
왜 보자는 거야?

속닥속닥
이건
비밀인데
말이야.

그런 곤충으로 어떻게
곤충 대결을 해?

진정한 곤충
마스터라면
곤충의 종류에
상관없이
배틀을
해낼 수
있어야 해.
두둥!

그리고 내일 나오는 곤충에 대해선
아무한테도 말해선 안 돼.
반 아이들이 미리 알아 버리면
재미없거든.
쉬~!

으~, 징그러워!
나뭇잎에 있는 저건 뭐야?
화들짝!

두둥~

이게 바로 잎벌레 애벌레야.
이래도 잎벌레가 좋아?

저렇게 징그러운 모습은
처음이야.
속이
메슥
메슥해!

이 애벌레 꼭 아토피 걸린
피부처럼 흉측하지 않냐?

네가 뭔데 남의
피부에 대해 함부로
이러쿵저러쿵 말해?

아니 난, 이 애벌레 피부가
그렇다는 거지.

정말 재수없어!
어어,
단비야.
쌩!

어어어, 단비야,
그게 아니고….
?

단비?
단비?
단비?

벙만이의 곤충 일기

무당벌레를 닮은 열점박이별잎벌레

잎벌레는 이름 그대로 식물의 잎을 좋아해서 잎을 먹고 산다. 그래서 잎벌레를 '잎 딱정벌레'라고도 한다. 열점박이별잎벌레는 딱지날개에 작고 둥근 점이 콕콕 박혀 있는 것이 무당벌레와 아주 비슷하게 생겼다. 이것이 열점박이별잎벌레를 보고 무당벌레라고 착각하기 쉬운 이유다. 하지만 이 둘은 완전히 다른 곤충이다. 무당벌레는 진딧물을 잡아먹는 익충이지만 열점박이별잎벌레는 포도나무를 먹는 해충이다. 자세히 보면 생김새도 많이 다르다. 무당벌레는 동글동글한 원형이지만 열점박이별잎벌레는 몸이 길쭉한 타원형이다. 그리고 앉아 있을 때 다리가 보이는지 안 보이는지로 구별할 수 있다. 무당벌레는 다리가 짧아서 보이지 않지만, 열점박이별잎벌레는 다리가 길어서 몸 밖으로 길게 삐져나와 있다. 또 더듬이 생김새도 다르다. 무당벌레보다 열점박이별잎벌레의 것이 더 길고, 모양도 구슬을 엮어놓은 것처럼 생겼다.

열점박이별잎벌레

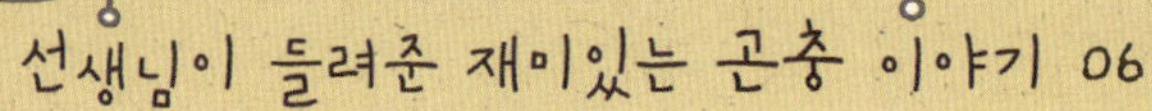

잎벌레가 독성이 있는 잎을 먹을 수 있는 이유는?

식물은 자신을 먹어치우는 곤충으로부터 제몸을 지키기 위해 독성 물질을 만들어 내. 식물이 만들어 내는 독성 물질은 여러 가지 화합물로 되어 있는데, 종류가 수만 가지나 된다고 해. 그렇다면 잎을 먹고 사는 곤충인 잎벌레는 꼼짝없이 굶어죽어야 할까? 천만의 말씀! 잎벌레는 몸속에서 독성을 이길 수 있는 효소를 만들어 내서 독이 있는 식물이라도 맛나게 먹을 수 있지. 예를 들면 남생이잎벌레는 특수한 효소를 분비해서 독성이 있는 명아주의 잎을 거뜬히 먹어치우지. 뿐만 아니라 자신이 먹은 명아주의 독성을 이용해 적으로부터 자신을 지킬 수 있는 방어물질까지 만들어 낸단다.

남생이잎벌레

잡초를 먹는 잎벌레는 해충이 아니라 익충!

잎벌레는 사람들이 재배하는 농작물에 피해를 줘서 해충이라고 했어. 벼잎벌레는 벼의 잎을 좋아하고, 감자잎벌레는 감자 잎을 좋아하고, 좁은가슴잎벌레는 고추냉이 잎을 좋아해서 각각 농작물들의 잎을 갉아먹지. 그러니 이런 잎벌레들은 사람의 입장에서 보면 해충이지. 하지만 잡초를 즐겨먹는 잎벌레가 있다면 그 잎벌레는 해충이 아니라 익충이라고 할 수 있어. 농작물을 해치는 게 아니라 오히려 잡초를 먹어치워서 농작물을 보호해 주는 역할을 하니까. 좀남색잎벌레는 평생 동안 소리쟁이라는 잡초만 먹고 살아. 농작물에는 전혀 관심이 없고 오로지 잡초만 먹고 살기 때문에 농사짓는 사람들에게 환영받는 곤충이지. 잡초를 제거하기 위해서 농약을 뿌리는 대신 좀남색벌레가 잡초를 갉아먹도록 한다면 환경을 해치지 않고 잡초를 제거할 수 있겠지?

좀남색잎벌레

잎벌레 애벌레의 기막힌 변장술!

애벌레는 날개가 없기 때문에 적이 나타났을 때 달아나기가 어려워. 그래서 달아나는 대신 다양한 방식으로 변장을 한단다. 큰남생이잎벌레 애벌레는 작살나무의 잎을 좋아하는데 작살나무의 잎 위에서 허물을 등에 지고 다니면서 살아. 무슨 허물이냐고? 자기의 허물이야. 애벌레는 몸이 자라서 크기가 커지면 겉껍질에 갇히기 때문에 탈피를 하고 허물을 벗어야 하는데, 이 녀석은 벗어 놓은 허물에 자기의 똥까지 얹어서 등에 지고 다녀. 이 희한한 모습을 보고 적이 가까이 다가왔다가도 멀리 도망가 버리고 말지. 왕벼룩잎벌레 애벌레는 붉나무의 잎을 좋아하는데 붉나무 잎 위에서 온몸에 자기 똥을 바르고 살아. 남생이잎벌레 애벌레와 같은 이유로 똥을 바르는 변장을 하는 거란다.

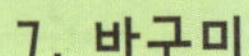

기억의 조각, 그리고 세 번째 곤충 대결

손을 놓치면 안 돼!

몸이 바람에 날아갈 것 같아.

무서워.

휘이이잉

아악, 살려 줘.

안 되겠어

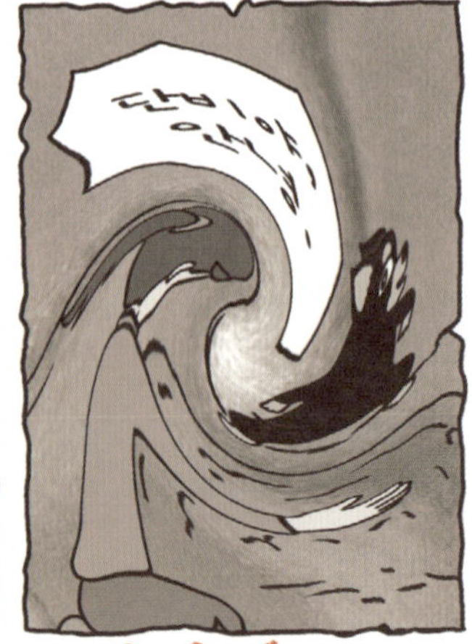

다음 날, 호미재 옆 개울가 모래펄.
지금부터 3차 곤충 대결을 시작한다!

심판, 이번 대결은 어떤 곤충이야?

이번 곤충은 이 오말숙이가 심사숙고해서 고른 건데 말이지. 그럼 두 선수, 대결 곤충을 꺼내 주세요.

두둥~

이게 뭐야?

에개개, 이거 바구미 아냐?
근데 얘 죽은 거 아냐?
바구미 한두 번 보냐? 이 녀석 지금 죽은 척하는 거라고.

곤충 대결이라고 해서 크고 멋진 곤충만 나와야 한다는 편견을 버려. 진정한 곤충 마스터라면 어떤 곤충이라도 다룰 줄 알아야 해.

바구미로 대체 어떻게 대결을 한다는 거야?

지금 바구미가 죽은 척하고 있잖아? 그런 바구미를 먼저 깨우는 사람이 이기는 거야.
어때, 기발하지? 히히.
짝 짝 짝 짝 짝!

알았어. 빨리 시작하자고. 바구미 진짜 죽겠다.

각자 가져온 바구미를 바위 위에 올려놔.

바구미를 깨워. 준비, 땅!
병만이 바구미
수철이 바구미

와아 아아!
야아 아아!

조용~.

와아아~
야아아~

조용~

야아, 일어나!
야아, 깨어나!
쿵쿵
쿠광

야, 제발 좀 일어나라!
바구미야, 제발 깨어나!

뭐야, 이거. 꼼짝도 안 하잖아.
헉헉헉!
아이고, 힘들어!

야, 오말숙! 이래서야 어떻게 대결이 되냐?

얘네 죽은 척하는 게 아니라 진짜 죽었나?
조용~.

야, 이제 그만 하고 집에 가자. 배고파 죽겠네.
꼬르륵
꼬르륵

그래, 그만해. 어우, 배고파.

어, 그래. 너희가 정 그렇다면. 그럼 오늘 곤충 대결은 무승부!

병만이의 곤충 일기

죽은 척하기의 달인, 바구미

곤충들은 천적을 만나거나 위험에 처하면 나름대로 대응하는 방식이 있다. 바로 죽은 척을 하는 거다. 죽은 척하기의 달인이랄까! 아니 곤충이니까 달충인가? 다리를 위로 쳐들고 바닥에 등을 대고 발라당 누워 "나 죽었다. 먹어볼 테면 어디 한번 먹어 봐라!" 하면서 연기를 한다. 바구미의 천적은 주로 새들인데, 새들은 죽은 곤충을 절대 먹지 않기 때문이다. 그런데 자기 꾀에 자기가 넘어간다고 바구미들은 죽은 척을 하다가 실제로 기절을 하기도 한단다.

바구미는 주둥이가 무척 길어서 얼핏 보면 목이 긴 거위벌레와 비슷하게 생겼다. 그런데 자세히 보면 목이 아닌 주둥이가 앞으로 길게 삐죽 나와 있다. 바구미의 종류는 아주 많지만 우리가 흔히 볼 수 있는 바구미는 쌀바구미다. 이름은 쌀바구미이지만 쌀뿐만 아니라 보리, 옥수수 등 사람이 저장해 놓은 온갖 곡물을 먹어서 해를 입히기도 한다.

바구미

죽은 시늉으로 적을 피하는 곤충

위험에 처했을 때 죽은 시늉을 하는 곤충은 바구미뿐이 아니야. 모래거저리나 좀남색잎벌레, 대벌레, 황개미붙이 등 아주 많아. 물속에서 사는 물장군도 죽은 시늉을 잘하는 곤충이야. 개구리까지 잡아먹는 연못의 대장 물장군이 죽은 시늉을 한다니 놀랍지? 하기야 덩치가 크다는 건 상대적인 것이라 올챙이나 피라미 같은 동물들 앞에선 큰소리칠지 몰라도, 백로 같은 큰 새가 나타나면 꼬리를 내리고 "나 죽었소."라고 할 수밖에 없겠지. 이렇게 갑자기 위험에 처하거나 심한 자극을 받았을 때 죽은 시늉을 하며 꼼짝도 하지 않는 행동을 의사 행동이라고 해. 의사 행동을 하는 이유는 적을 물리칠 만한 무기도 없고 적으로부터 재빨리 도망갈 능력도 없기 때문이야.

바구미와 비슷하게 생긴 거위벌레는 집짓기의 달인

거위벌레

숲 속을 걷다 보면 바구미와 아주 비슷하게 생긴 벌레를 볼 수 있어. 바로 거위벌레지. 거위벌레는 목이 거위처럼 길어서 거위벌레라고 불러. 그런데 이 목이 바구미의 길게 나온 입처럼 보여서 둘을 잘 혼동한단다. 그러나 자세히 보면 바구미는 머리 앞으로 입이 길게 뻗어 있고, 거위벌레는 기다란 목 끝에 머리가 달려 있지. 거위벌레는 생김새도 재미있지만 집을 잘 짓는 것으로도 유명해. 나뭇잎을 솜씨 있게 잘 잘라내서 둘둘 말아 집을 짓는데, 이 안에 알을 낳으면 알이 부화해서 잎으로 된 집을 뜯어먹으며 자란단다.

지구에서 가장 많은 동물은 곤충!

곤충은 사람이 생겨나기 훨씬 전부터 그리고 공룡이 생겨나기도 훨씬 전부터 지구에서 살기 시작했어. 그리고 지금까지도 많은 곤충이 지구에서 살고 있지. 그렇다면 지구에는 얼마나 많은 곤충이 살고 있을까? 곤충은 지구 전체에 고루 퍼져서 살기 때문에 얼마나 많은 종이 있는지를 헤아리기는 쉽지 않아. 지금까지 알아낸 종은 약 120만 종이야. 그렇다면 지구에 살고 있는 전체 동물의 종은 몇 가지일까? 약 160만 종이야. 동물 160만 종 가운데 곤충이 120만 종이라면 전체 동물 중 75퍼센트가 곤충이라는 이야기지.

곤충이 이렇게 번성할 수 있었던 것은 크기가 작기 때문이야. 크기가 작으니 좁은 공간에서 적은 먹이만으로도 살아갈 수가 있었지. 그 외에 또 꼽자면 몸이 딱딱한 외골격으로 둘러싸여 있어서 내장을 보호하기에 유리한 점, 날개가 있어서 적으로부터 쉽게 도망칠 수 있다는 점, 알에서 애벌레로 애벌레에서 번데기로 번데기에서 성충으로 성장하는 단계별 성장을 한다는 점, 알을 많이 낳아 번식에 유리하다는 점 등이야.

메뚜기 화석

8. 물자라

그리운 아빠

단비네 집!
단비야, 이 고구마 병만이네 갖다주렴.

나 병만이네 가기 싫은데….

왜? 병만이랑 싸웠어?

걔가 아토피가 어쩌네 피부가 어쩌네 그러잖아.

너한테?

나한테 그런 건 아니지만.

괜한 오해로 싸우지 마. 친하게 지내야지.
뾰로통
자, 이거 받아!

병만이랑 마주치기 싫은데.

?

멈칫!
!

?

야, 이거
우리 엄마가
갖다주래.

어색.
훌쩍
훌쩍

이리 줘.
어, 그래.
여기.

어어,
야!
창피해!
후다닥

물속에 뭐가 있기에 울어?
후다닥

어, 이게
뭐야?

오, 신기하다. 곤충이
알을 업고 다니네.

이렇게 신기한 걸
보고 왜 운담?

하여튼 시골 애들이란
이해할 수가 없어.
절레
절레

그 날 저녁 단비네 집.
단비야, 밥 먹자.

엄마, 오늘 개울에서 알을 업고 다니는 곤충을 보았어요.

물자라를 보았나 보구나.

그게 물자라예요?
냠냠

물자라는 수컷이 알을 키워. 자식에 대한 아버지의 사랑을 말할 때 예로 많이 드는 곤충이지.
당근도 먹어야지. 아~, 해.
아~

그런데 병만이가 물자라를 보고 울더라고요.
고기도 한 점!

음~, 그래?

병만이는 어려서 엄마를 잃었는데 아빠도 돈을 벌기 위해 서울로 떠나셨다더구나.

그럼 물자라를 보고 아빠 생각이 나서 운 건가?

단비야, 너도 아빠 보고 싶다고 운 적이 있어서 알 거야. 병만이는 엄마까지 없으니 얼마나 외롭겠어? 네가 잘 대해 줘, 알았지?

예~!

아, 귀 따가워. 엄마 귀 떨어지겠다.
헤헤헤

병만이의 곤충 일기

물속의 폭군이지만 부성애가 강한 아빠, 물자라

오늘은 연못에서 알을 자기 등에 업고 다니는 곤충을 보았다. 집에 돌아와 찾아보니 그 곤충의 이름은 물자라였다. 그것도 엄마 물자라가 아니라 아빠 물자라! 물자라 암컷은 교미 후 수컷의 등에 알을 낳는데, 이때 알이 떨어지지 않도록 나란히 붙인다. 물자라 수컷은 이 알을 업고 다니며 부화할 때까지 혼자서 키운다. 그냥 업고만 다니는 게 아니라 알이 따뜻한 햇볕도 받고 숨도 쉴 수 있도록 하기 위해서 물 밖으로 자주 등을 내민다. 먹이도 거의 먹지 않고 알이 잘 부화하는 데에만 온 힘을 기울인다. 그러다 알이 부화하면 곧바로 죽어 버린다.

자식을 위해서 이렇게 희생하지만 사실 물자라는 물속의 폭군이다. 먹이를 잡으면 튼튼한 앞다리로 먹이를 움켜쥐고 날카로운 침을 찔러 넣어 체액을 빨아먹는다. 자기보다 약한 물속 생물은 뭐든지 다 먹는다. 물자라 말고도 소금쟁이, 물장군, 게아재비, 장구애비도 같은 방식으로 먹이를 먹는데 모두 물에서 사는 노린재류의 곤충이다.

물자라 수컷

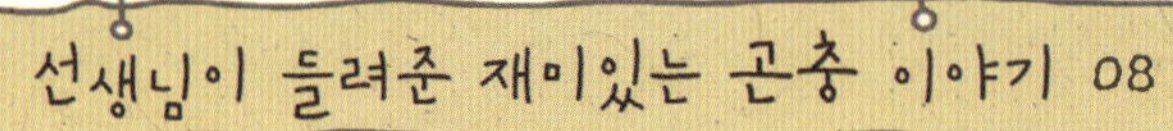

자식 사랑은 내가 최고야!

물자라 말고도 자식 사랑이 유별난 곤충들은 많아. 물자라처럼 연못에서 사는 물장군 역시 부성애가 강하지. 물장군 암컷은 물자라 암컷과는 달리 말뚝이나 풀줄기 위에 알을 낳고 떠나 버려. 그러면 물장군 수컷은 몸으로 알을 감싼 채 24시간 먹지도 않고 지키지. 그러다 중간중간 물에 들어갔다 나와서 몸에 묻은 물기로 알들을 적셔서 말라죽지 않도록 하는 행동을 반복해. 정말 대단한 자식 사랑이 아닐 수 없어.

반면 에사키뿔노린재는 모성애가 강한 곤충이야. 등에 있는 하트 무늬가 특징인 에사키뿔노린재의 암컷은 자신이 좋아하는 층층나무나 말채나무의 이파리 위에 알을 낳아. 그러고는 물자라나 물장군의 수컷처럼 알 곁을 떠나지 않고 부화할 때까지 지킨단다.

또 색이 화려한 방패광대노린재는 예덕나무의 이파리에 알을 낳는데, 역시 알이 부화할 때까지 지켜.

이렇게 노린재류 중에는 자식 사랑이 유별난 곤충이 많아. 그 밖에 쌍살벌, 땅강아지, 고마로브집게벌레 등도 모성애가 강한 곤충으로 유명하단다.

물장군

물속에 사는 곤충들은 어떻게 숨을 쉴까?

물자라는 물 위로 떠올라서 공기 방울을 만든 다음 그 공기 방울을 물속으로 가지고 들어가 숨을 쉬지. 이때 숨을 쉴 때마다 물 위로 올라와야 하는 불편을 피하기 위해 공기 방울을 여러 개 몸에 저장해 놓는단다. 물자라가 공기 방울을 저장하는 곳은 딱지날개와 배 사이야. 물방개도 이런 기막힌 방법을 사용해서 숨을 쉬는데 거기에 한술 더 떠 꽁무니에도 공기 방울을 달고 다니며 숨을 쉬지. 그런데 물방개의 애벌레는 딱지날개가 없기 때문에 이런 방법을 쓸 수가 없어. 그래서 수면 위로 올라가 꼬리 끝에 있는 기관을 내밀고 숨을 쉰단다.

하루살이는 애벌레 시기와 어른벌레 시기에 따라 숨 쉬는 방법이 달라. 하루살이 애벌레에게는 물고기에게 있는 아가미가 달려 있어서 아가미로 숨을 쉬지. 반면 어른벌레가 되면 아가미가 없어져서 기관으로 숨을 쉰단다. 하루살이 애벌레는 물속에서 사니까 아가미가 필요하지만 어른벌레는 물 밖에서 사니까 아가미가 필요하지 않은 거야. 잠자리 애벌레인 학배기, 모기의 애벌레인 장구벌레도 하루살이 애벌레처럼 아가미로 숨을 쉬는 곤충이야.

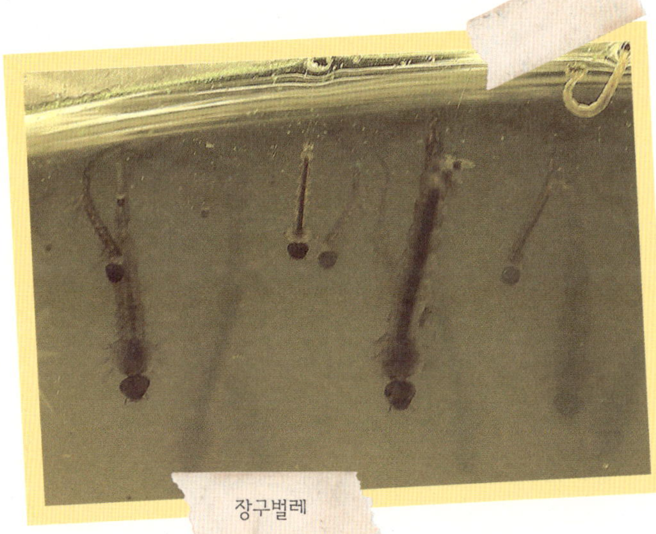

장구벌레

9. 집게벌레

은우네 사진관

사진 속의
그 아줌마를
어디서
보았을까?
단비네 집.

에이, 어디선가 봤겠지, 뭐.
그나저나 아줌마가 해주신다는
당근 케이크는 어떤 맛일까?

아줌마,
저 왔어요.

어서 오너라.
마루에 앉아서
조금만 기다려.
이제 다
됐으니까.

안녕?

어,
안녕.

…….

…….

야, 네 옆에
벌레다!
으악!

두둥~

엄마, 벌레,
엄마, 벌레!
부들
부들
사사삭!

걱정 마. 내가
잡아 줄 테니까.

이 녀석이 사람을 놀래켜?
휙~!
번쩍!

죽이지 마.
턱!

집게벌레가 단비를 물려고 하기에….
그만!

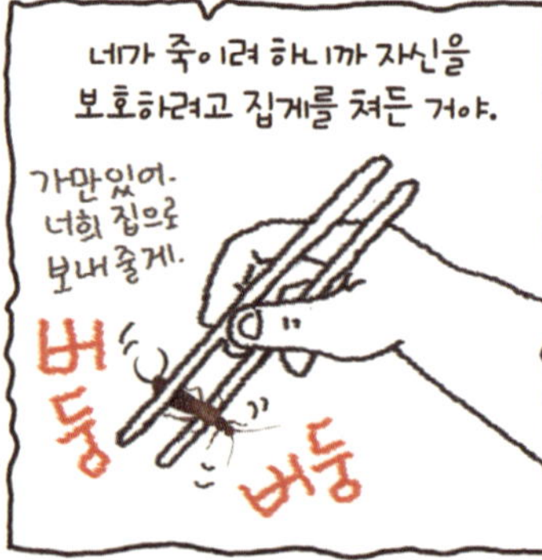
네가 죽이려 하니까 자신을 보호하려고 집게를 쳐든 거야.
가만있어. 너희 집으로 보내 줄게.
버둥
버둥

네 아기들한테 가거라. 이리로 오지 말고.

엄마, 살려 주었다 또 이리로 오면 어떡해요?

다시 멀리 쫓으면 되지. 우리한테 해코지 하는 것도 아닌데 죽이는 건 너무하잖아.

그리고 집게벌레는 자식에 대한 사랑이 남다른 곤충이야. 엄마 집게벌레가 잘못되면 아기 집게벌레들이 불쌍하잖아.

그렇긴 하지만….

집게벌레는 제 갈 길 가라 하고, 우리 당근 케이크 먹자.

우아, 엄마 최고! 먹어 봐. 우리 엄마 당근 케이크 정말 맛있어.
어어, 알았어.

엄마!
이게 뭐야? 얼굴에 다 묻히고.
헤헤!

병만이의 곤충 일기

배 끝에 집게를 달고 있는 집게벌레

집게벌레는 배 끝에 집게를 달고 있다. 집게벌레의 종류에는 고마로브집게벌레, 못뽑이집게벌레, 좀집게벌레, 큰집게벌레, 제주집게벌레, 고려집게벌레, 꼬마집게벌레 등이 있는데 모두 하나같이 집게가 있다. 집게벌레의 집게는 꼬리털이 변해서 만들어진 것이라고 한다. 즉, 한 쌍의 꼬리털이 길어지고 단단해져서 집게가 되었다는 것! 부드러운 털이 딱딱한 집게가 되었다니 참 신기하다. 그런데 집게는 모양만 집게가 아니라 집게를 벌리고 오므려서 무언가를 집을 수 있는 기능도 갖추고 있다. 이 집게를 이용해 상대를 꽉 물어 꼼짝 못하게 만들 수도 있다.

이렇게 집게가 있다는 점은 자신의 영역을 침범하는 곤충을 큰 턱으로 사정없이 물어 꼼짝 못하게 하는 사슴벌레와 같다. 다른 점은 집게벌레는 집게가 꼬리에 있지만 사슴벌레는 머리에 있다는 것이다. 또 집게벌레의 집게는 꼬리털이 변한 것이지만 사슴벌레의 것은 턱이 변했다는 점이 다르다. 하지만 상대방을 공격하는 무기라는 점은 같다. 또 암컷보다 수컷의 집게가 훨씬 크다는 점도 같다. 거기다 집게를 암컷을 유혹하거나 다른 수컷과 싸울 때 쓴다는 점도 같다. 집게벌레과 사슴벌레는 정말 닮은 점이 많네.

고마로브집게벌레

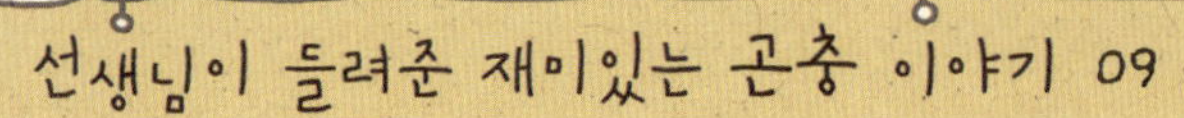

유별난 모성애를 가진 집게벌레

물자라와 물장군이 부성애가 매우 강한 곤충이라면 집게벌레는 모성애가 아주 강한 곤충이야. 집게벌레 암컷은 땅굴을 파고 그 안에 알을 낳거나 나뭇잎 사이에 알을 낳아서 밤낮없이 지극정성으로 돌보지. 어떤 암컷은 알이 깨어날 때까지 돌보기도 하지만 어떤 암컷은 알이 깨어난 후에도 돌봐줘. 행여나 알에 더러운 것이 묻을세라 쉬지 않고 닦아 주지. 또 부화하기 알맞게 따뜻한 곳으로 알들을 옮겨 줘. 그리고 알을 잡아먹으려는 적이 나타나면 허리를 등 쪽으로 휘어 집게를 치켜들고 위협해서 적을 물리치지. 그걸로 부족하다 싶으면 집게를 이용해 적을 물기도 한단다. 거기다 알에서 깨어난 새끼들에게 사냥해 온 먹이를 직접 날라다 주기도 해. 알에서 깨어난 새끼들은 먹이 사냥에 서투니까 말이야. 이쯤 되면 집게벌레의 모성애야말로 곤충 세계에서 최고라고 할 수 있겠지?

노루발장도리와 몹시도 닮은 못뽑이집게벌레!

못뽑이집게벌레는 배마디 끝에 있는 집게가 두 가지 모양으로 생겼어. 손잡이가 붙어 있는 병따개처럼 생긴 집게도 있고 길고 둥글게 생긴 집게도 있어. 어떤 모양의 집게를 달고 있든 상관없이 못뽑이집게벌레라고 불리는데, 재미있는 건 이름이 하필 못뽑이집게벌레라는

못뽑이집게벌레

거야. 박힌 못을 뽑는 데 쓰는 노루발장도리의 한쪽 끝을 보면 길게 갈라져 있어. 그 부분으로 못을 걸어 뽑는데, 못뽑이집게벌레의 생김새가 노루발장도리의 못을 뽑는 부분처럼 생겨서 이런 재미난 이름이 붙었어. 못뽑이집게벌레는 다른 집게벌레와는 달리 우리가 사는 곳에서 자주 발견돼. 그래서 우리 주변에 흔히 있는 친숙한 공구인 못뽑이로 이름을 붙여 주었을 거야. 아니면 못뽑이집게벌레에서 힌트를 얻어 노루발장도리의 못뽑이 부분을 만들었을지도 모르고 말이지.

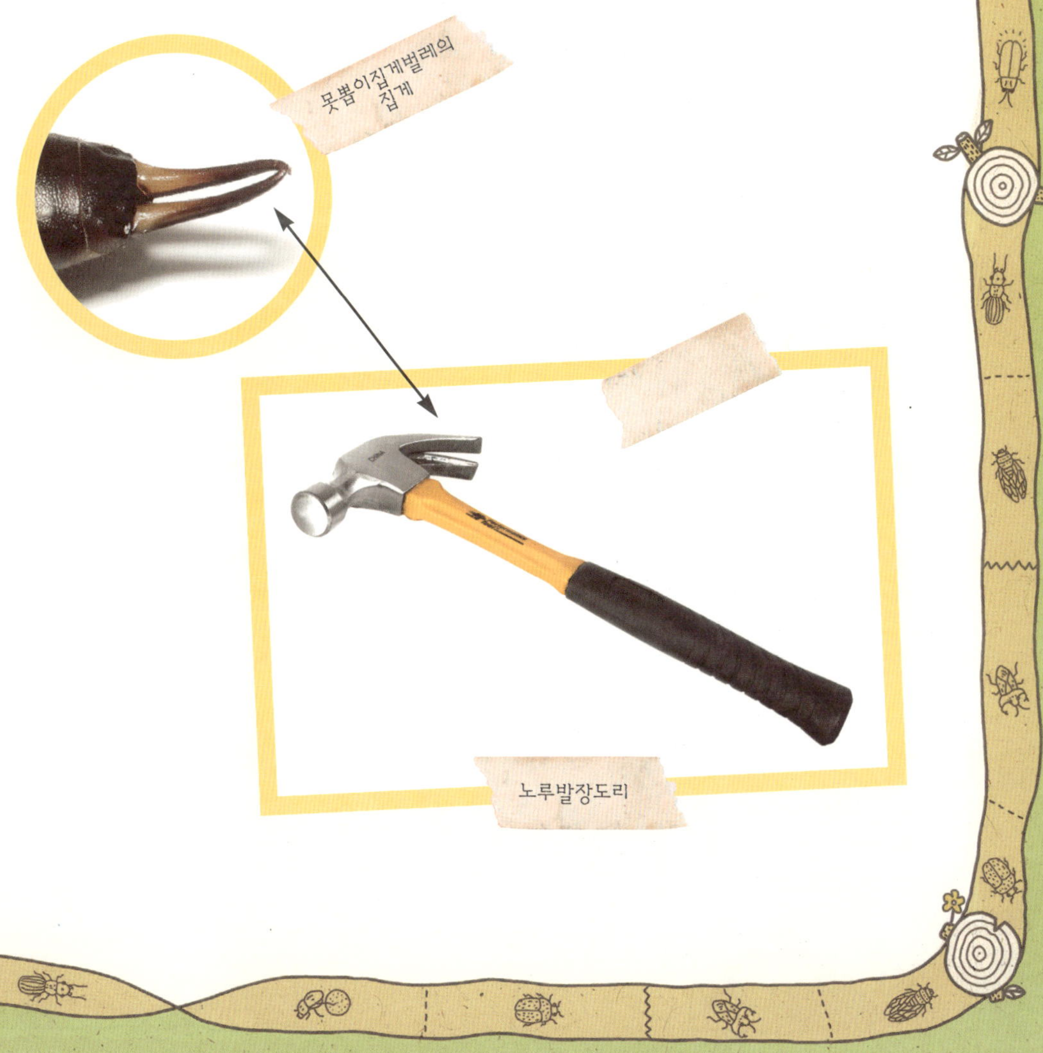

10. 물방개

의문의 죽음, 그리고 네 번째 곤충 대결

다음 날, 무진 초등학교.
한병만 주세요, 두병만 주세요.
박수철아, 짠짠짠짠짠!

파바박!

박수 쳐라! 짜잔짜잔짜!
꽥꽥
꽥꽥
응원도 좋지만 하필 원숭이 흉내라니.

한병만! 주세요! 두병만! 주세요!
싹싹
싹싹
우리 편은 파리 응원인가? 간절하긴 한데 좀 없어 보이네.

오늘 대결 곤충은 물방개. 결승 지점에 먼저 도착하는 물방개가 이기는 거야. 내가 출발을 외치면 물방개를 물에 넣어. 자, 출발!

출발!
가자!

병
수

자유형으로 병만 물방개의 코를 납작하게 만들어 버려!

야, 물방개 헤엄에 자유형이 어딨냐? 개헤엄이면 또 몰라도.
헥헥헥헥

아무렇게나 헤엄치니까 자유형이지, 히히히.
흐느적
흐느적

야, 병만이 물방개가 앞서간다.

병
수

지면 안 돼. 지면
구워 먹어 버릴 거야.
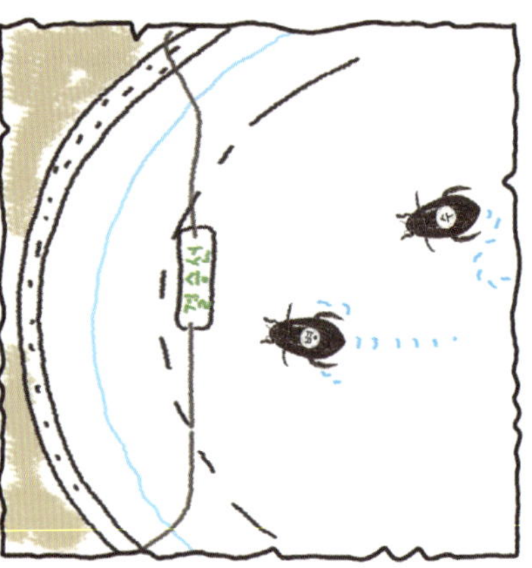

오예, 거의 다 왔다.

이, 이런, 말도 안 돼.

앗, 실수!
툭!

출렁~

병만이 물방개가
방향을 바꿔
반대쪽으로 간다.

수철이 물방개
골인~!

야호, 내가 이겼다!

대야를 차는 게 어딨어?
이건 반칙이야.

누가 일부러 찼냐?
심판, 내가 이긴 거 맞지?

고의로 찼다는 증거는
없으니. 수철이가 이긴 걸로.

병만이의 곤충 일기

수서곤충 세계의 박태환, 물방개

물방개는 연못이나 하천에서 사는 수서곤충이다. 물속에서 사는 곤충답게 헤엄을 무척 잘 친다. 물방개가 헤엄을 잘 칠 수 있는 이유는 몸의 생김새 덕분이다. 몸 전체가 매끄러워서 물의 저항을 덜 받고, 뒷다리가 헤엄치기에 좋게 생겼다. 물방개의 뒷다리는 앞다리나 가운뎃다리에 비해 크기도 크고 굵기도 굵은 데다가 털이 많이 나 있다. 뒷다리를 노를 젓듯이 힘차게 저어가면 빠른 속도로 헤엄칠 수 있다. 물방개를 관찰해 보면 재미난 모습을 볼 수 있다. 헤엄칠 때 꽁무니에 물방울을 달고 다니는 것이다. 물방개는 꽁무니에 호흡관이 있어서 숨을 쉴 때 수면 밖으로 꽁무니를 내밀고 공기를 빨아들여 숨을 쉰다. 하지만 물속을 한참 헤엄쳐 다닐 땐 딱지날개와 배 사이에 또는 꽁무니에 공기 방울을 달고 다니면서 그 속에 들어 있는 공기를 마시면서 숨을 쉰다. 그러니까 물방울은 물방개에게 산소통이나 마찬가지인 셈이다.

물방개

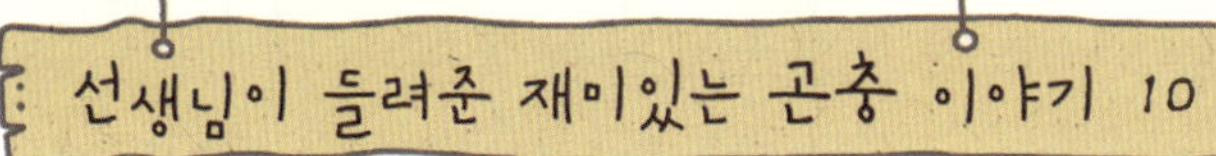

배영의 달인, 송장헤엄치개

송장헤엄치개는 헤엄치는 자세가 특이해. 배를 위로 하고 뒤집어진 채로 헤엄을 치거든. 사람의 수영 종목 중 배영과 비슷해. 물에서 사는 곤충 세계의 배영 선수라고 할 수 있지. 송장헤엄치개라는 이름은 죽은 사람의 몸이 물에 떠 있는 것처럼 뒤집어진 채로 헤엄치는 자세 때문에 생긴 거야. 이렇게 헤엄치는 송장헤엄치개는 크고 튼튼한 뒷다리를 노처럼 저어서 빠르게 나아갈 수 있고 방향도 자유롭게 바꿀 수가 있어.

그러면 송장헤엄치개는 어떻게 먹이를 보고 잡을 수 있을까? 그것은 머리의 절반을 차지할 정도로 아주 커다란 겹눈 덕분인데, 겹눈의 물에 잠긴 부분으로는 물속을 보고 물 위에 나온 부분으로는 물 밖을 보지. 이렇게 물속과 물 밖을 동시에 보면서 수면에 있는 먹잇감은 물론이고 물속의 먹이까지 놓치지 않고 잡아먹을 수 있는 거야. 일단 먹잇감이 발견되면 앞다리로 먹잇감을 꽉 잡아서 물속으로 끌고 들어간 뒤, 날카로운 입을 먹잇감에 꽂아서 체액을 빨아먹어.

송장헤엄치개라는 이름처럼 식사하는 것도 무시무시하지?

송장헤엄치개

수상 스키처럼 물 위를 달리는 소금쟁이

다른 수서곤충처럼 힘들게 헤엄을 치지 않고도 물에서 살 수 있는 곤충이 있어. 바로 소금쟁이야. 연못이나 웅덩이를 보면 물 위에 둥둥 떠서 가볍게 떠다니는 소금쟁이를 볼 수 있어. 소금쟁이는 어떻게 물 위를 걸어 다닐 수 있을까? 비밀은 소금쟁이의 몸 구조와 물의 특성에 있어. 소금쟁이의 몸과 다리에는 솜털이 빽빽하게 나 있는데, 솜털 사이에 공기가 들어 있어. 그래서 튜브처럼 물 위에 떠 있을 수 있는 거야. 게다가 솜털에는 기름기가 발라져 있어서 물에 젖지 않게 해 주지. 그리고 물은 물분자들끼리 뭉치는 힘이 강한데 그 힘으로 인해 물 표면은 일종의 막과 같은 성질을 가져서 소금쟁이의 가벼운 몸을 떠받쳐 주는 거란다.

소금쟁이가 기름기로 방수를 해서 물 위에 떠 있을 수 있다는 것을 보여 주는 재미있는 실험이 있어. 소금쟁이의 다리에 비누를 바르는 거야. 비누는 소금쟁이 다리의 기름기를 씻어 내는데, 기름기가 없어진 소금쟁이는 더 이상 떠 있지 못하고 물에 빠져 버린단다.

소금쟁이는 재빠르기로도 유명한데, 1초에 1.5미터를 이동할 수 있어. 이것은 3쌍의 다리가 각각 한 가지씩 역할을 맡고 있기 때문이야. 앞다리와 뒷다리는 몸을 지탱하는 역할을 하고, 가운뎃다리는 노를 젓는 역할을 하지. 이런 상태로 물 위를 달리는 거야. 그리고 방향을 바꾸고 싶을 땐 뒷다리를 이용해 재빨리 방향을 바꾼단다.

소금쟁이

11. 꽃등에

꽃밭에서 만난 꿀벌 같은 곤충은?

세계 곤충
마스터 대회에서 우승한
미국의 풍뎅이가
유전자 조작 곤충임이
밝혀져서 논란이
되고 있습니다.

꽃이
그렇게 많은
곳이 있어?

그럼. 나와 할아버지만
아는 곳이 있다니까.

정말 기대되는걸. 잘 찍어서
블로그에 올려야지.

바로 저기야.

짜잔!

우아, 멋지다.

별별 꽃이 다 있네.

이건 무슨
꽃이야?

이건
매발톱꽃이야.

그럼
이건?

이건 금낭화.

오~ 너 꽃 박사구나.
어떻게 꽃을 그렇게 잘 알아?

박사는 무슨. 할아버지 따라 다니며 주워들은 거지.

음~ 이 꽃 향이 정말 좋아.

부우우웅~

윙윙
으악! 벌이다!
펄쩍! 펄쩍!

엄마! 나 어떡해!
탁! 탁!
휙! 휙!

진정해. 벌 아냐.

벌 아냐?

봐. 이건 벌이 아니라 꽃등에야.

뭐가 아냐? 그거 벌이잖아.

잘 봐. 얘는 날개가 한 쌍이야. 침도 없고 말이지.

후유~ 전에 벌에 쏘인 뒤로는 파리만 봐도 놀라.

걱정 마. 벌이 오면 내가 쫓아줄 테니까.

병만이의 곤충 일기

꿀벌처럼 보이고 싶어 하는 꽃등에

꽃등에는 꿀벌처럼 꽃을 참 좋아하는 곤충이다. 좋아하는 먹이만 같은 게 아니라 무서운 침을 가진 꿀벌과 생김새도 꼭 닮았다. 이렇게 꿀벌을 흉내 내는 것은 침을 가진 꿀벌처럼 보여서 천적의 공격을 피하기 위해서란다. 실제로 꽃등에가 벌인 줄 알고 쏘일까 봐 깜짝 놀란 적도 많다.

하지만 조금만 주의를 기울이면 둘이 다른 곤충이라는 걸 알 수 있다. 꿀벌은 날개가 두 쌍이지만 꽃등에는 날개가 한 쌍뿐이라 날개의 수만 잘 세어 봐도 꽃등에인지 꿀벌인지 쉽게 구분할 수 있다. 또 겹눈을 보면 꽃등에는 눈이 크고 눈과 눈 사이가 좁은 데 비해 꿀벌은 눈이 작고 눈과 눈 사이가 떨어져 있다. 꽃등에의 이러한 겹눈의 특징은 파리와 완전히 같다. 꽃등에는 사실 벌목이 아니라 파리목으로 꿀벌보다는 파리 무리에 가까운 곤충이다. 그래서 꽃에서 꿀을 먹을 때도 꿀벌처럼 빨아먹지 않고 핥아먹는다.

꽃등에

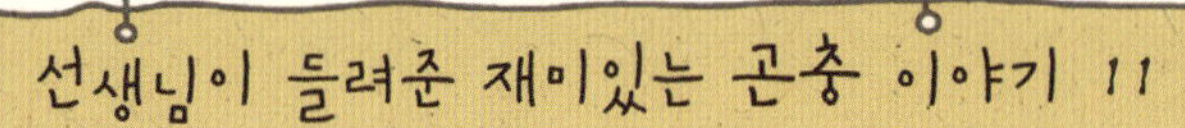

벌을 흉내 내는 등에 무리

벌을 흉내 내는 곤충에는 꽃등에만 있는 게 아니야. 등에과에 속하는 곤충 중에는 꿀벌을 흉내 내는 종들이 아주 많아. 수중다리꽃등에도 넓적다리가 통통하게 부풀어올라 있는 것 말고는 전체적인 생김새가 꿀벌 같아. 빌로오드재니등에도 검정색 바탕에 노란색 털이 나 있어서 역시 꿀벌의 생김새와 비슷해. 또 꿀벌 외에 다른 벌을 흉내 내는 등에도 적지 않아. 꼬마꽃등에는 이름처럼 길이가 8밀리미터 정도로 작아. 하지만 생김새는 무시무시한 땅벌처럼 생겼어. 호리꽃등에도 길이가 10밀리미터 정도로 크기는 작지만 꼬마꽃등에처럼 땅벌의 모양을 하고 있지. 녀석들은 크기가 작은 대신 무서운 독침을 가진 땅벌을 흉내 내어 천적의 공격을 피해 살아남는 거야.

수중다리꽃등에

곤충이 적으로부터 몸을 보호하는 방법 1 -

보란 듯이 드러내기(경계색)

꽃등에처럼 침이 있는 벌을 흉내 내어 천적으로부터 자신을 보호하는 곤충은 하늘소 무리 중에도 있어. 호랑하늘소와 유럽줄범하늘소는 벌을 흉내 내는 곤충인데, 검은색 바탕에 노란

호랑하늘소

색 띠를 두른 무늬를 하고 있어서 말벌과 꼭 닮았지.

벌 말고 다른 동물을 흉내 내는 경우도 있는데 바로 호랑나비애벌레야. 이 녀석의 몸에 있는 커다란 뱀눈 모양 무늬는 녀석을 뱀처럼 보이게 해서 천적인 새를 다가오지 못하게 만들어.

위의 곤충들과는 다르지만 자신을 보란 듯이 나타내서 천적을 물리치는 곤충도 있어. 무당벌레는 화려한 색깔로 적의 눈에 자신의 몸을 드러낸 다음 비위가 상하는 액체를 분비해 천적이 자신을 먹으려는 마음이 다시는 안 생기도록 만들지.

이렇게 강한 동물을 흉내 내거나 독이 있는 곤충이라는 듯 화려한 색깔로 자신을 드러내서 천적으로부터 몸을 보호하는 것을 경계색이라고 해.

곤충이 적으로부터 몸을 보호하는 방법2-
꼭꼭 숨기(보호색)

자신의 모습을 드러내서 천적을 피하는 곤충이 있는가 하면, 천적의 눈에 잘 띄지 않도록 자신을 주변 환경과 비슷하게 꾸미는 곤충도 있어. 이렇게 주변과 같은 색이나 무늬 또는 모양을 띠는 곤충을 보호색 곤충이라고 해. 대나무처럼 생긴 대벌레나 자처럼 생긴 자벌레는 몸을 곧게 뻗어 나뭇가지처럼 위장하는 곤충으로 유명해. 또 날개를 접었을 때 나뭇잎처럼 보이는 가랑잎나비도 있지. 그리고 메뚜기도 보호색을 띠는 곤충인데, 주위의 풀과 같은 연두색을 띠고 있단다.

베짱이

12. 방아깨비(메뚜기)

곤충식량연구소의 두 얼굴, 그리고 다섯 번째 곤충 대결

무진 초등학교.
오늘 대결 곤충은 방아깨비. 마스터들, 준비됐지?

물론!

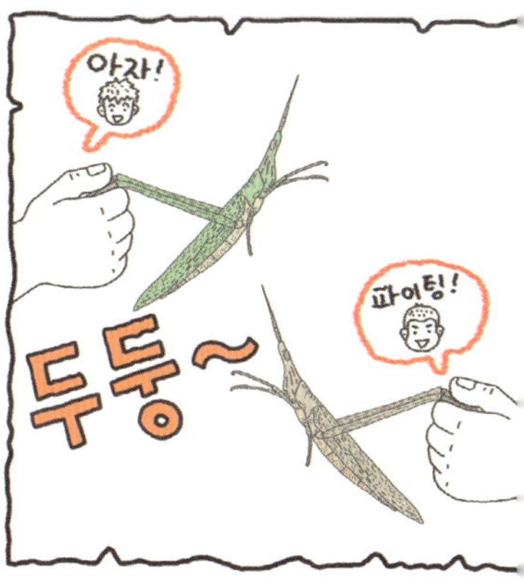
아자!
파이팅!
두둥~

1분 동안 많이 방아를 찧은 방아깨비가 이기는 거야. 시작!

가만~
끄떡
끄떡

야, 뭐해? 빨리 움직여.

부들
부들

한병만, 너 손 흔들어 방아 찧으면 반칙인 거 알지?

내가 너 같은 줄 알아?

병만이 방아깨비도 방아를 찧기 시작한다!
끄떡
끄떡
끄떡
끄떡

옳지. 잘한다.

넷, 넷, 다섯, 여섯!
여덟, 아홉, 열, 열하나!

열다섯, 열여섯,
열일곱, 열여덟!
까딱
까딱
까딱
까딱
스물넷, 스물넷,
스물다섯,
스물여섯!
오케이, 이제
얼마 안 남았어.
스물하나, 스물둘,
스물셋, 스물넷!
까딱
까딱
가만~
수철이 방아깨비가
스물여섯에서 멈췄어.
야, 왜 멈춰?
빨리 방아 찧어~
스물여섯,
스물일곱!
까딱
까딱
야,
움직여,
빨리~
얼음~!
60초 땡~ 병만 방아깨비 스물일곱,
수철 방아깨비 스물여섯.
한 개 차이로 한병만 승~
아싸,
이겼다!
전장, 잘 나가다 멈추다니.
부르르
내가 이겼으니 네 방아깨비는
내 거다. 이리 내놔~
가져라~
턱!

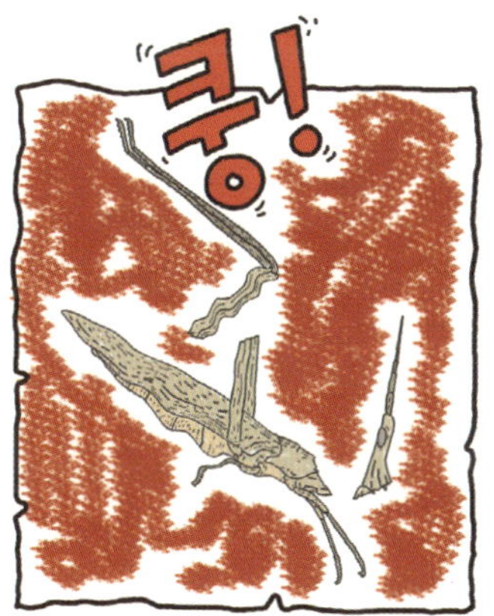

병만이의 곤충 이야기

메뚜기의 가족은 누구누구?

우리가 흔히 메뚜기라고 부르는 것에는 종류가 많이 있다. 그럼 메뚜깃과에는 어떤 것들이 있을까? 섬서구메뚜기, 방아깨비, 콩중이, 팥중이, 풀무치, 벼메뚜기 같은 메뚜기아목에 속하는 무리와 귀뚜라미나 꼽등이, 여치, 베짱이, 땅강아지, 방울벌레 같은 여치아목에 속하는 무리를 모두 메뚜기라고 부른단다. 이 두 무리에 속하는 곤충들은 모두 튼튼한 뒷다리를 이용해 멀리까지 훌쩍 뛸 수 있는 멀리뛰기 선수다.

또 메뚜기 무리는 모두 번데기를 거치지 않는 안갖춤탈바꿈을 한다. 그래서 알에서 깨어난 어린 메뚜기는 어른 메뚜기와 몸의 크기만 다를 뿐 거의 비슷하게 생겼다. 그런데 메뚜기 무리 중에서 메뚜기아목과 여치아목은 생김새가 조금씩 차이가 있다. 여치아목의 무리는 메뚜기아목의 무리에 비해 더듬이가 길고 산란관도 길다. 그리고 메뚜기아목의 무리는 수컷이 암컷의 등 위에 올라타는 데 반해 여치아목의 무리는 암컷이 수컷 등에 올라타서 짝짓기를 한다.

여기서 드는 궁금증 하나! 사마귀는 메뚜기의 무리일까, 아닐까? 사마귀는 메뚜기의 한 종류인 방아깨비와 비슷하게 생겼지만 같은 무리는 아니고 먼 친척뻘쯤 된다. 하지만 말이 친척이지 실제로는 메뚜기를 잡아먹는 천적이다. 또 모양만 보더라도 사마귀는 뒷다리는 약하고 앞다리가 크게 발달했는데, 이것은 메뚜기의 특징과는 정반대다.

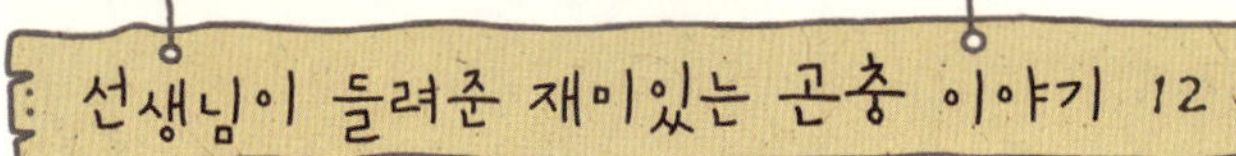

위급할 때 몸에서 냄새가 나는 액체를 뿜어내는 메뚜기

메뚜기를 잡으면 입에서 피처럼 보이는 짙은 갈색 액체가 흘러나오는 걸 볼 수 있어. 그런데 그 액체는 피가 아니라 천적으로부터 자신을 지키는 일종의 무기란다. 천적이 메뚜기를 잡아먹으려다 메뚜기가 내뱉는 끈적끈적한 액체의 고약한 냄새에 질려 메뚜기를 놓아 버리고 말지.

매미 역시 누군가 잡으려 하면 오줌을 찍 싸고 도망가. 오줌을 싸고 나면 오줌의 양만큼 몸이 가벼워져서 쉽게 도망갈 수 있고 불쾌한 냄새를 풍겨서 적으로부터 자신을 지킬 수가 있거든. 무당벌레도 새와 같은 천적이 공격했을 때 노란 액체를 뿜어내. 이 액체는 고약한 냄새를 풍겨 천적을 멀찌감치 도망가게 만들어서 무당벌레가 위기에서 벗어나게 해 주지.

곤충의 피는 무슨 색깔일까?

곤충의 몸 안에는 피가 있을까, 없을까? 정답은 '있다'야. 곤충의 피는 그냥 혈액이라고 하지 않고 림프혈액이라고 하는데, 색깔부터가 달라. 우리는 손가락을 베이면 붉은색 피가 흘러나오잖아? 그런데 곤충은 몸에 상처가 나면 노란색이나 초록색 피가 나와. 우리의 피에는 헤모글로빈이라는 성분이 들어 있고, 곤충의 피에는 헤모시아닌이라는 성분이 들어 있기 때문이야. 그렇다면 피 속에 헤모글로빈 성분이 들어 있는 곤충이 있다면 그 곤충의 피도 붉은색이겠지? 맞아. 물고기의 먹이로 쓰는 붉은장구벌레는 피 속에 헤모글로빈이 있어서 피가 붉단다.

곤충이 미래의 식량이다?

곤충을 먹는다고 하면 인상부터 찌푸리는 사람들이 있어. 하지만 곤충도 엄연히 사람이 먹을 수 있는 음식 중 하나야. 실제로 우리나라에서도 오래전부터 메뚜기와 같은 곤충을 먹어 왔어. 뭐냐고? 대표적인 곤충이 바로 번데기야. 그리고 매미나 딱정벌레 등의 애벌레인 굼벵이는 약으로 먹기도 해. 나라에 따라 꿀벌의 유충, 거저리 유충, 물장군, 흰개미, 귀뚜라미, 매미 등을 먹기도 하지. 곤충은 단백질이 풍부하게 들어 있어서 거부감만 없다면 음식으로서 손색이 없거든.

세계적으로 인구는 계속 늘어나는 반면 식량은 많이 부족한 형편이야. 미래에는 이런 식량 부족이 더욱 심해질 거래. 그래서 지금까지 먹던 가축들 외에 곤충을 미래의 식량으로 삼으려는 노력이 이어지고 있어. 그래서 2013년에는 유엔에서 곤충을 식량으로 사용하기를 권하기도 했지.

단백질을 섭취하기 위해 먹는 소나 돼지 등의 가축을 키우려면 넓은 공간과 많은 풀 그리고 사료가 필요해.

반면 곤충은 좁은 공간에서 대량으로 키울 수 있고 똥이나 오줌도 별로 생기지 않아. 거기다 곤충은 단백질 등의 영양분이 아주 풍부하고 콜레스테롤은 낮아서 비만이나 그로 인해 생겨나는 각종 질병을 예방할 수도 있지. 환경도 지키고 건강도 지킬 수 있는 곤충이 미래의 식량으로 주목받는 이유야.

식량으로 쓰이는 곤충

13. 반딧불이

위험한 거래

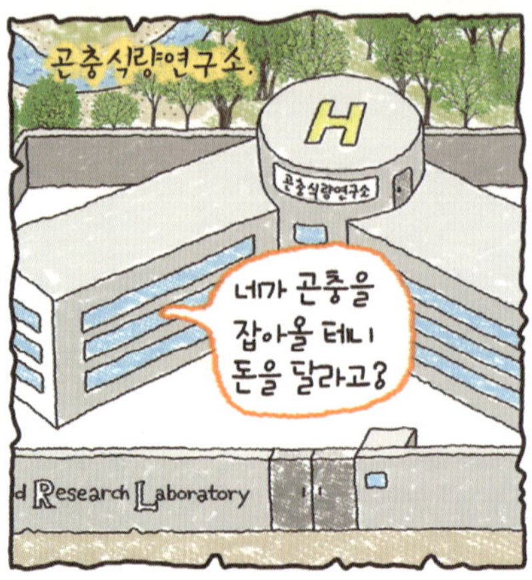

반딧불이요? 그건 천연기념물인데요?
싫으면 그만두고.
아, 아니에요. 잡아올게요.
후다닥!
그날 저녁 호미재 근처.
반딧불이는 개울이 가까운 수풀에 많이 있지.
반딧불이는 언제나 나오려나. 아, 지루해.
저벅 저벅
이크, 누가 온다!
깜짝!
꽃 사진 찍다 날이 너무 어두워졌어.
걱정 마. 조금만 더 가면 너희 집이야.
병만이 녀석과 전학생 김단비 아냐. 전장 하필 지금.
어, 반딧불이다!
반딧불이 첨 봐?
응, 정말 신기하다!

우아, 정말
아름다워.

어머!
부스럭

산짐승이 있나 봐. 무서워.

괜찮아. 내가 있잖아.
나타나기만 해 봐라.

?
들킨
건가?

크르릉!

후다다닥
컹컹
컹

병만이의 곤충 일기

반짝반짝 아름다운 불빛을 내는 반딧불이

어두운 하늘을 아름다운 불빛으로 수놓는 반딧불이. 그런데 반딧불이가 빛을 내는 이유는 무엇일까? 답은 자신의 짝을 찾기 위해서라고 한다. 하늘을 날아다니는 반딧불이는 대부분 수컷인데, 불빛을 반짝거려서 자신의 존재를 알린다. 그러면 풀잎에 앉아 있던 암컷도 불빛을 반짝거려 자기가 어디 있다는 걸 알린다. 반딧불이 암컷은 대부분 날개가 퇴화되어 날지 못하기 때문에 풀잎 위에서 자신의 신랑감을 기다리다 자신과 같은 불빛을 내는 반딧불이를 찾아내서 불빛으로 사랑의 신호를 보낸다.

반딧불이 중 애반딧불이는 암컷아 날 수 있는데, 빛을 내는 것은 수컷이다. 수컷이 내는 불빛이 암컷이 내는 불빛보다 두 배나 더 밝기 때문이다.

반딧불이는 애벌레나 번데기, 알 상태에서도 빛을 낸다고 한다. 빛을 내는 이유는 천적이 접근하다 빛에 놀라 물러서게 하기 위해서다. 몸을 숨기기보다는 자기를 드러내서 지키는 전략이다.

반딧불이 암수

왜 반딧불이와 반딧불이의 서식지가 천연기념물로 지정되었을까?

예전엔 반딧불이를 개똥벌레라고 불렀어. 예전에는 반딧불이가 개똥처럼 흔해서 그런 이름을 붙였다고 해. 그런데 지금은 반딧불이를 보기가 아주 어려워.

애반딧불이 애벌레의 먹이는 다슬기인데 다슬기는 2급수 이상의 맑은 물에서만 살 수 있어. 그런데 지금은 물이 오염되어 다슬기가 살 수 있는 곳이 줄어들면서 다슬기를 먹고 사는 애반딧불이도 덩달아 줄어들었지. 그래서 사라져 가는 반딧불이를 보호하기 위해 반딧불이와 반딧불이 서식지인 전라남도 무주군도 함께 천연기념물 제322호로 지정되었단다. 반딧불이 서식지를 잘 보호하면 반딧불이도 보호할 수 있기 때문이지.

반딧불이는 어떻게 꽁무니에서 불빛을 낼까?

반딧불이는 꽁무니에서 불빛을 내. 꽁무니를 자세히 살펴보면 배마디 중 연한 노란색을 띠고 있는 부분이 있어. 여기가 바로 불빛을 내는 곳이야. 수컷은 배마디 끝에 불빛을 내는 마디가 두 개 있고, 암컷은 불빛을 내는 마디가 한 개 있어. 이렇게 빛을 내는 마디의 수가 차이가 나다 보니 수컷이 암컷보다 훨씬 밝은 빛을 내는 거야.

그런데 반딧불이는 어떻게 불빛을 내는 걸까? 배마디의 세포에 있는 루시페린이라는 물질 덕분이야. 루시페린은 산소와 만나면 빛을 내거든. 그렇다면 빛을 내는 과정에 열이 생겨 뜨겁지 않을까? 전등을 켜 두면 뜨거워지는 것처럼 말이야. 그러나 다행이도 루시페라제라는 효소가 루시페린의 에너지가 빛이 되어 밖으로

터져 나올 때 열 대신 모두 빛으로 변하게 만들어 준단다. 만약 빛이 아니라 열로 바뀐다면 반딧불이는 꽁무니에 화상을 입고 말 거야.

옛날에는 반딧불이 불빛으로 책을 읽었다고?

오늘은 반딧불이와 관련된 형설지공이란 고사성어에 대해 얘기해 줄게. 형설지공(螢雪之功)의 형설이란 한자어를 풀면 형(螢) 자는 개똥벌레, 즉 반딧불이를 의미하고 설(雪) 자는 눈을 뜻해. 즉, 개똥벌레의 불빛과 눈에 반사된 빛으로 공부를 했다는 말이지.

꽁무니에서 빛을 내는 반딧불이

아주 옛날 중국 진나라의 차윤이라는 사람은 집이 몹시 가난해서 밤에 책을 읽을 때 불을 밝혀 줄 기름을 살 수가 없었대. 그래서 반딧불이를 여러 마리 잡아 반딧불이가 꽁무니에서 내뿜는 불빛을 비춰 책을 읽었다고 해. 반딧불이가 없는 겨울에는 눈에 반사된 빛으로 책을 보고 말이야. 그렇게 책을 열심히 읽은 덕분에 과거에 급제하고 나중엔 이부상서라는 벼슬에까지 올랐대. 어려운 환경 속에서도 꾸준히 공부하면 꿈을 이룰 수 있다는 이야기이지. 반딧불이의 불빛과 눈에 반사된 빛만으로도 그렇게 열심히 공부를 한 사람도 있는데, 밤에도 대낮처럼 밝은 불빛이 있는 지금, 너희들은 무엇을 하고 있니?

14. 매미

어려운 시간들

무진 초등학교
맴맴맴맴

덥지?

예~!

조금만 참아. 이제 곧 여름 방학이라고 매미가 저렇게 울잖아.

선생님, 그런데 매미 소리가 시끄러워서 공부를 못하겠어요.

20일밖에 못 사는 매미가 짧은 시간에 자기 짝을 찾으려 애를 쓰는 것이니 우리가 이해해 주자.

매미의 수명은 7년이라던데요?

7년 중 대부분은 굼벵이 모습으로 흙 속에서 살다 매미의 모습으로 푸른 하늘을 날며 사는 것은 20일 정도밖에 안 된단다.

오랜 시간을 견뎌 날개를 달았는데 고작 20일밖에 못 살다니. 정말 불쌍해요.

매미의 일생만 짧은 게 아니고, 너희들 공부할 시간도 짧아. 자, 그런 의미에서 공부하자.
책 펴!

예~.

맴맴맴맴

할머니, 오늘 선생님이 그러시는데요.
그 날 오후, 병만이네 집.

매미는 7년을 땅속에서 굼벵이로 살다 단 20일만 날개를 달고 매미의 모습으로 산대요.
냠냠
우적우적

사람보다 낫네. 사람은 평생 고생만 하다 날개는커녕 쭈구렁 바가지로 죽잖아.
짭짭
쩝쩝

20일이 아니라 단 하루라도 매미처럼 허물을 벗고 이 땅바닥을 벗어나 하늘을 훨훨 날아다녔으면 좋겠네.
휴~!

할머니, 내가 커서 돈 많이 벌면 할머니 비행기 태워 줄게.

네 애비도 어려서 그런 소리를 하더니만. 서울에서 밥이나 제대로 먹고 다니는지, 휴~.
휴~!

아빠~잉

아이고, 내가 애 앞에서 뭔 소리를 하는 거야.

맴맴맴맴
사내자식이 이렇게 눈물이 많아서 뭐에 써. 그만 뚝!

서울 변두리 공사장.

맴맴맴맴

헉 헉 헉

헉 헉 헉

영차!

와르르

뒤적 뒤적

병만아.

휘이잉~

맴맴맴맴

애벌레로는 아주 길게, 어른벌레로는 아주 짧게 사는 매미

여름이 시작될 무렵, 느티나무 아래 평상에 누워 있으면 시원한 바람결에 매미 울음소리가 들려온다. 매미는 본격적으로 여름이 시작되었음을 알리는 곤충이다. 수업 시간에 창밖에서 들려오는 매미 소리에 여름 방학이 가까워졌음을 알고 마음이 먼저 들뜨기도 한다. 이렇게 시작한 매미 소리는 가을까지도 계속 이어진다. 하지만 매미가 그렇게 오래 사는 것은 아니다. 어른벌레로 사는 시간은 채 한 달도 되지 않는다.

매미의 수명은 6, 7년 정도인데, 거의 대부분을 땅속에서 애벌레로 지낸다. 참매미는 2~3년, 유지매미는 5년, 말매미는 6년을 땅속에서 애벌레로 산다. 미국 동부에 사는 매미는 무려 17년이나 땅속에서 애벌레로 산다고 한다.

매미

하지만 땅으로 기어 올라온 다음 어른벌레로 사는 기간은 매우 짧다. 허물을 벗고 날개돋이를 하고 제짝을 찾아 알을 낳고 곧바로 죽는데 그 기간은 기껏해야 20일 정도다. 오랜 시간을 어두운 땅속에서 나무뿌리를 먹으며 살다가 아름다운 날개로 푸른 하늘을 마음껏 날게 되자마자 얼마 안 돼 죽어야 하다니, 매미가 정말 불쌍하다!

왜 매미는 여러 종이 동시에 울어 댈까?

매미의 울음소리는 종류마다 각각 달라. 참매미는 '맴맴맴맴 미~!', 말매미는 '차르르 차를~!', 유지매미는 '지글지글지글~!', 쓰름매미는 '쓰름 쓰름 쓰음~!', 애매미는 '씨이이 씨츠츠~!' 하고 저마다 독특한 울음소리를 내지.

하지만 매미의 울음소리는 모두 다 수컷 매미가 내는 점은 같아. 매미가 우는 이유는 수컷 매미가 짝짓기를 하기 위해 암컷 매미를 부르는 소리니까.

그런데 매미는 한 마리가 울기 시작하면 다른 매미가 따라서 울고 나중에는 여러 마리가 동시에 한꺼번에 우는데 왜 그런 걸까? 매미들의 번식기가 서로 비슷하고 번식할 수 있는 어른벌레의 시기가 고작 20여 일 정도로 짧기 때문이야. 그러니 서로 자기 짝을 빨리 찾으려 필사적으로 울어 대는 거야. 매미의 울음소리는 종족을 이어가려는 매미의 몸부림이니 조금 시끄럽더라도 잠시 참아 주는 것도 좋겠지.

매미가 밤에도 우는 이유

매미가 밤에도 우는 이유는 도시의 불빛 때문이야. 밤새도록 켜 있는 가로등이나 높은 건물의 불빛을 보고 낮이라고 착각한 거지. 그리고 열대야도

조명이 화려한 도시의 밤

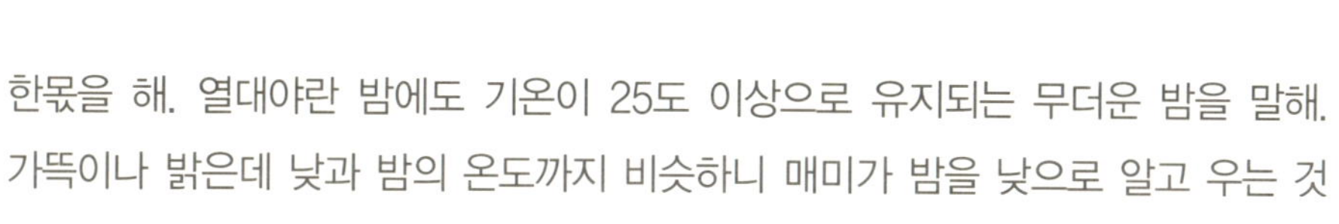

한몫을 해. 열대야란 밤에도 기온이 25도 이상으로 유지되는 무더운 밤을 말해. 가뜩이나 밝은데 낮과 밤의 온도까지 비슷하니 매미가 밤을 낮으로 알고 우는 것도 어쩌면 당연한 일이지.

행동이 굼뜬 느릿느릿 굼벵이

대부분의 사람들은 굼벵이하면 매미의 애벌레를 가리키는 것이라고 알고 있어. 그런데 진짜 굼벵이는 따로 있단다. 바로 꽃무지, 풍뎅이, 장수풍뎅이, 사슴벌레 등의 애벌레가 진짜 굼벵이야. 그렇다고 해서 매미 애벌레를 굼벵이라고 말하는 게 틀린 것은 아니야. 사실 희고 통통한 몸을 둥글게 말고 있고 느릿느릿 움직이는 애벌레를 모두 다 굼벵이라고 말하거든.

굼벵이

매미의 울음소리는 어디에서 날까?

매미의 울음소리는 배에서 나. 매미의 배 속에는 '발음근'이라는 근육이 있는데 발음근을 빠르게 늘렸다 오므렸다 하면 발음근과 연결된 고막의 막이 떨려. 이 떨림은 공명 기관에서 커져서 크게 울음소리가 나는 것이란다.

15. 장수하늘소

방귀의 추억, 그리고 여섯 번째 곤충 대결

무진 초등학교.
현재까지 스코어는 각각 2승 1무 2패야.

오늘의 대결 곤충은 하늘소.

하늘소 가지고 어떤 대결을 한다는 거야?

이번 대결은 돌드레라고, 옛날 사람들도 즐겼던 시합이야. 하늘소에 돌을 들려 얼마나 오래 버티는지 보는 거지. 자, 각자 가져온 하늘소를 꺼내 봐.

짠!

우아, 수철이 하늘소 정말 크다!

야, 이 하늘소 왜 이렇게 커? 이거 장수하늘소 아냐?

장수하늘소는 천연기념물 아냐? 천연기념물을 잡아오면 안 돼지.

바보들아. 잘 봐. 이건 우리목하늘소라고.

장수하늘소 아니네. 자, 그럼 각자 하늘소에 돌을 들려.

아자 아자!
레츠 고!

야, 이렇게 작은 돌을 들리면
공평한 대결이 안 돼지!

돌 크기에 대한 규정은
없잖아? 안 그래, 심판?

그렇다고 이렇게 작은 돌을
들게 하다니. 할 수 없지 뭐.
대결 시작!

두둥~

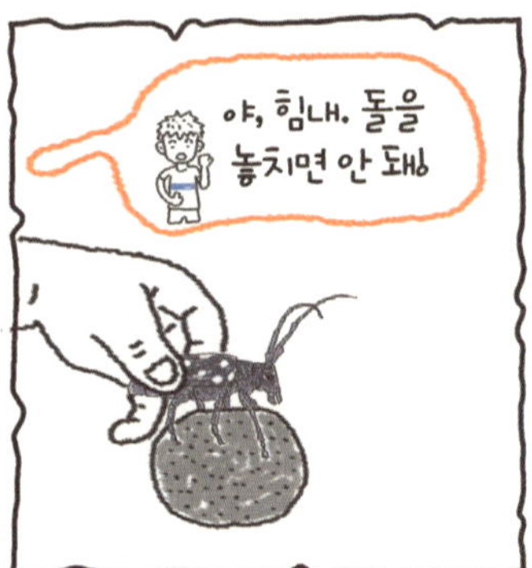
야, 힘내. 돌을
놓치면 안 돼!

이거 뭐 몇 시간이라도
들고 있겠는걸.

미끈!

돌이 너무 작아서
놓쳤어.

병만이의 곤충 일기

해충이지만 천연기념물이 된 장수하늘소

장수하늘소는 하늘소 종류 가운데 가장 크고 위쪽으로 구부러진 큰 턱과 긴 더듬이가 눈에 띄는 꽤나 잘생긴 곤충이다. 주로 서어나무나 물푸레나무의 나뭇진을 빨아먹고 살고 애벌레는 어미가 파놓은 나무 구멍 속에서 나무를 파먹고 산다. 어른 장수하늘소는 다른 곤충들보다 훨씬 힘이 세서 나뭇진을 어떤 곤충보다 먼저 차지한다. 그렇다 보니 장수하늘소는 애벌레와 성충 모두 나무에 피해를 주는 해충이다. 얼마나 힘이 세면 이름에 '장수'를 다 붙여 주었을까.

그런데 장수하늘소는 천연기념물 제218호로, 우리나라에서 가장 먼저 천연기념물로 지정된 곤충이다. 희귀하다고 해충을 보존할 가치가 있는 천연기념물로 지정하다니 왜 그랬을까? 그 이유는 박물관이 아닌 자연 상태에서 만나는 건 거의 불가능할 정도로 장수하늘소의 수가 줄어들었기 때문이다. 그런데 그나마 남아 있는 장수하늘소도 가로등이나 자동차 불빛을 보고 찾아들었다가 죽는 바람에 더욱 더 수가 줄어들고 있다는 것이다. 그래서 안타깝게도 멸종위기 야생동식물 1급으로 지정되었다고 한다.

장수하늘소가 천연기념물로 지정된 또 다른 이유는?

장수하늘소가 천연기념물이 된 것은 희귀하다는 이유 말고도 더 있어. 장수하늘소는 우리나라뿐 아니라 중남미 지역에서도 사는데, 지구의 정반대에 같은 종의 곤충이 있다는 건 이 두 장소가 이전에는 떨어져 있지 않았다는 걸 의미해. 이걸로 미루어 보면 아주 먼 옛날에는 동아시아 대륙과 아메리카 대륙이 서로 붙어 있었다는 걸 알 수 있어.

장수하늘소

지금은 아시아, 아프리카, 유럽, 아메리카, 오세아니아, 남극 대륙 이렇게 여섯 대륙으로 갈라져 있지만 약 2억 년 전에는 판게아라고 불리는 하나의 초대륙이었어. 한 덩어리로 붙어 있던 대륙이 지금과 같이 나뉘게 된 것을 '대륙이동설'이라고 해. 이렇듯 장수하늘소는 대륙이동설을 증명하는 곤충이라는 가치를 인정받아 천연기념물로 지정되었단다.

하늘소를 이용한 놀이, 돌드레

장수하늘소, 우리목하늘소, 알락하늘소 같은 하늘소류에 속하는 곤충을 이용한 놀이가 있어. 일명 돌드레 놀이! 돌드레는 '돌을 든다.'는 뜻이야. 하늘소를 붙잡고 돌을 들려 주면 잘 놓지 않아. 하늘소는 다른 곤충들에 비해 크기가 크고 힘이 센 데다가 발목마디가 빨판처럼 되어 있어서 돌을 잘 들 수 있거든. 그래서 요즘

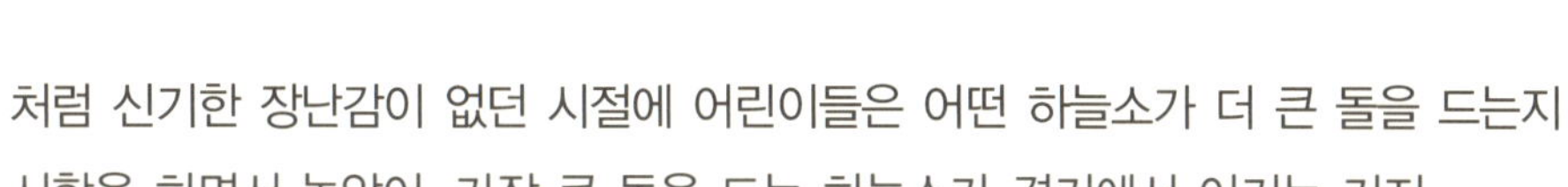

처럼 신기한 장난감이 없던 시절에 어린이들은 어떤 하늘소가 더 큰 돌을 드는지 시합을 하면서 놀았어. 가장 큰 돌을 드는 하늘소가 경기에서 이기는 거지.

알면 알수록 재미있는 곤충 이름

장수라는 이름을 붙여 준 곤충 이름에는 장수하늘소 말고도 장수풍뎅이, 장수말벌이 있어. 이 곤충들은 힘이 무척 세서 그런 이름이 붙었지.

크기가 커도 장수를 붙여 주는데, 장수잠자리가 그런 경우지. 또 같은 이유로 '장군'이나 '왕'을 붙이기도 하지. 장군을 붙여 준 곤충에는 물장군, 왕을 붙여 준 곤충에는 왕사마귀, 왕사슴벌레 등이 있지.

또 '말'이란 글자를 붙이기도 하는데, 이것도 크기가 큰 곤충이라는 뜻이야. 말벌, 말매미 등이 그렇단다. 반대로 '애'란 글자를 붙이면 크기가 작은 곤충이라는 뜻이야. 애반딧불이, 애매미처럼 말이지.

몸의 빛깔을 다른 사물에 빗댄 이름도 있지. 몸의 빛깔이 비단처럼 곱다고 해서 비단벌레, 무당 옷처럼 화려하다고 해서 무당벌레라고 한 것처럼 말이야.

생김새가 닮은 다른 동물의 이름을 붙인 경우도 있어. 거위처럼 목이 길어서 거위벌레, 남생이를 닮아서 남생이잎벌레, 딱지날개가 울퉁불퉁한 두꺼비의 등을 닮아서 털두꺼비하늘소라고 부르는 식으로 말이야.

장수말벌

16. 호리병벌

엄마의 집

이번 하늘소 대결은
한병만 승!

내가 이겼으니까
네 하늘소 내게 넘겨.

이건 빌린 거라 곤란하고,
전에 내가 가져간
네 장수풍뎅이를 대신 줄게.

정말? 장풍이를 가져 왔어?

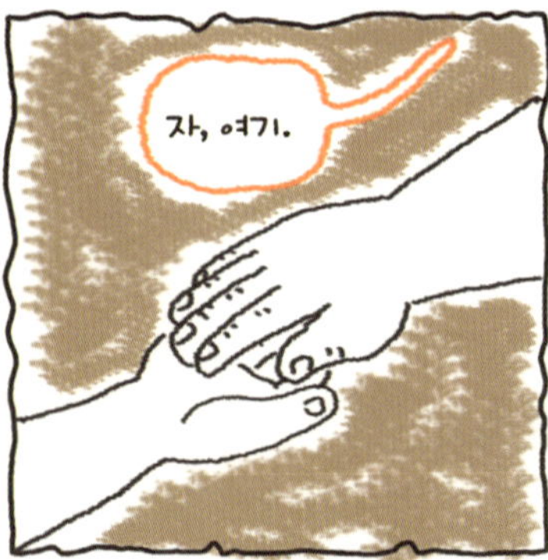
자, 여기.

아니 이게 뭐야?

쿵!

너 장풍이를 죽여서
박제로 만든 거야?

싫으면 그거 돌려주고
하늘소를 받든가.

괜찮아?

수철이 걔는
정말 나쁜 애 같아.

곤충 대결을 하기 전엔
안 그랬어. 나랑 얼마나
친했는데.

너랑 수철이랑 친했다고?
말도
안 돼.

그래. 우린 둘 다 곤충에 관심이
많아서 함께 곤충 책도 같이 보고
곤충 채집도 함께 가곤 했다고.

후유~, 경쟁이 결국 너희 사이를
이렇게 만든 거구나. 지금이라도
곤충 대결을 그만두는 게 어때?

그럴 수는 없어. 지금 3승 1무
2패로 내가 앞서고 있다고.

그깟 곤충 대결에서
이기는 게 뭐 중요하다고.

4년마다 열리는 세계 곤충 대전에서
우승하는 게 내 꿈이야.

잠깐, 벌이다.

으악!
탁!
탁!
휙!
휙!

걱정 마. 저건 호리병벌이야.
쏘지 않아.

호리병벌은 자기 침과 흙을 섞어
자기 새끼를 위한 집을 지어.

우아, 옹기장이가
흙을 쌓아올리듯이
차곡차곡 집을 짓네!

자기 자식을 위한
집이니까 정성을
다하는 거지.

조용~.

?

내가 또 뭐 잘못 말했어?

아니, 엄마 생각이 나서.

엄마?

사실 내가 아토피가 심해서 서울에서
여기로 온 거거든. 엄마는 아토피에
좋다며 흙집을 손보다
손이 사포처럼
거칠어졌어.
훌쩍
훌쩍

수철이가 아니라 내가 진짜
나쁜 애야. 엄마를 그렇게
힘들게 만들고.

어정쩡
훌쩍 훌쩍

난 엄마 얼굴도 몰라.

병만이의 곤충 일기

호리병 모양의 흙집을 짓는 호리병벌

호리병벌은 움푹 들어가 비를 피할 수 있는 바위 밑의 아늑한 곳에 집을 짓는다. 진흙으로 집을 짓는데, 통통한 몸체에 목이 가느다랗고 주둥이가 둥근 호리병 모양이다. 집을 다 지은 호리병벌은 그곳에 알을 낳고, 애벌레가 깨어나면 먹이를 사냥해서 넣어 준다. 주로 자벌레나 나방의 애벌레 같은 것들을 잡아다 준다.

호리병벌은 아주 솜씨 있는 미장공이다. 흙을 개어 바르는 실력이 사람 못지않다. 호리병벌이 집을 짓기 위해 가장 먼저 하는 일은 집을 지을 재료를 찾는 일이다. 집의 재료는 바위 색과 비슷한 빛깔을 가진 진흙이다. 이유는 천적의 눈에 잘 띄지 않도록 하기 위함이다. 일종의 보호색이다.

흙을 찾아내면 도예공이 흙을 밟아서 다지듯이 아주 공을 들여 침과 함께 반죽한다. 이렇게 하면 흙에 찰기가 생기는데, 차진 흙으로 집을 지으면 튼튼하기 때문이다. 집이 튼튼해야 천적으로부터 소중한 애벌레를 보호할 수 있을 테니까.

호리병벌은 집을 지을 때 절대 욕심을 부리지 않는다. 자기가 들고 날아갈 수 있을 정도의 크기로 흙덩이를 만든 다음, 조심스럽게 들고 집터로 날아가 조금씩 집을 짓는다.

호리병벌

곤충은 무슨 재료로 어떤 모양의 집을 지을까?

곤충은 저마다 생존 방식이 다르듯이 집의 모양이나 재료가 각기 달라.

우선 쌍살벌은 나무껍질 속 섬유질과 입 속의 침을 이용해 집을 지어. 섬유질을 입안에 넣어 잘근잘근 씹어서 만든 반죽으로 육각형 모양의 방이 여러 개 있는 집을 짓고 방 하나하나마다 한 개씩 알을 낳아 키워. 그리고 방 옆에 다시 방을 이어 만드는 방법으로 맘만 먹으면 커다란 집도 얼마든지 지을 수가 있어. 대단하지?

쌍살벌

나무껍질이나 나뭇잎을 그대로 가져다가 집을 짓는 곤충도 있어. 바로 차주머니 모양의 집을 짓는 차주머니나방이 그 녀석이야. 나뭇가지나 나뭇잎 아래에 바싹 붙여 집을 짓고 사는데 이사 갈 땐 집을 버리지 않고 그대로 짊어지고 간단다. 차주머니나방 애벌레에게는 도롱이벌레라는 재미난 별명이 있어. 차주머니나방이 지은 집 모양이 옛날에 비올 때 머리에 쓰거나 어깨에 두르던 비옷인 도롱이와 비슷하기 때문이지.

자기 입 속에서 실을 뽑아내 집을 짓는 곤충도 있어. 누에나방 애벌레인 누에는 5령이 되면 뽕잎을 부지런히 먹다가 갑자기 먹는 걸 멈추고 입 속에서 실을 뽑아내 집을 짓기 시작하지. 고개를 좌우로 흔들면서 입 속에서 나온 실로 몸 주위를 감싸며 땅콩 모양의 고치를 지어.

거품을 이용해서 집을 짓는 곤충도 있어. 바로 거품벌레야. 그깟 거품으로 무슨 집을 짓느냐고? 모르시는 말씀! 거품벌레는 꽁무니에서 거품을 뽕뽕뽕 뿜어내 온몸을 감싸서 따가운 햇볕으로부터 피부를 보호하고 천적의 눈에 띄지 않게 몸을 숨길 수 있지. 그것도 쉽게 꺼지지 않은 특수한 거품을 뿜어내서 말이야.

거품벌레

꽃가루받이를 위해 벌을 수입한다고?

오이, 참외, 수박, 토마토 등 비닐하우스 농사를 지을 때 꽃가루받이는 어떻게 할까? 비닐하우스는 사방이 막혀 있어서 벌이 날아들기 힘들어. 그래서 꿀벌을 다른 곳에서 데려다가 비닐하우스 안에 들여보내 꽃가루받이를 하게 하지. 그런데 우리나라 재래종 벌은 안타깝게도 비닐하우스 안의 환경에 잘 적응하지 못한단다. 비닐하우스 안은 농작물이 빨리 자랄 수 있게 하기 위해 높은 온도와 높은 습도를 유지하게 만들어 놓았거든. 이런 비닐하우스 안에다 재래종 벌을 아무리 풀어 놓아도 꽃가루받이가 제대로 이뤄지지 않는단다.

이런 이유로 농민들은 비닐하우스 환경에 잘 적응하는 벌을 외국에서 사다가 쓰기 시작했어. 그럼 외국에서 사온 꿀벌을 번식시켜서 그 다음 해에도 쭉 쓰면 되지 않느냐고? 웬걸? 꿀벌을 파는 나라에서는 단 한 번만 쓸 수 있는 벌을 팔아. 그래야 계속해서 또 팔 수 있으니까. 해마다 벌이 필요한 농민들은 어쩔 수 없이 비싼 벌을 사다가 쓰고 있단다. 그래서 지금은 비닐하우스 환경에 잘 적응하는 벌을 개발하는 연구를 하고 있다고 해.

17. 쇠똥구리

꽃보다 소똥

아직 멀었어?
아우, 더워!
훽 훽

아니야. 저 고개만 넘으면 돼.

너 기분이 안 좋아 보인다?
안 좋긴. 나 기분 좋아.
아, 힘들어!
참아. 다 왔어.

와, 여기에 목장이 있었구나.
휘이잉~

와아아아아~!

이렇게 넓은 풀밭을 직접 보는 건 처음이야.

근데 이게 무슨 냄새야.

뭐긴 소똥 냄새지.
앉아서 여길 좀 봐.

이런 데 꽃보다 더 예쁜 것이 있다고?

여기 봐, 여기.

어머~, 세상에!

애기뿔쇠똥구리야.
정말 예쁘지?

으, 으응. 근데 쇠똥구리면
물구나무를 서서 뒷다리로
경단을 만들어 굴리지 않아?
냄새가 정말 지독해!

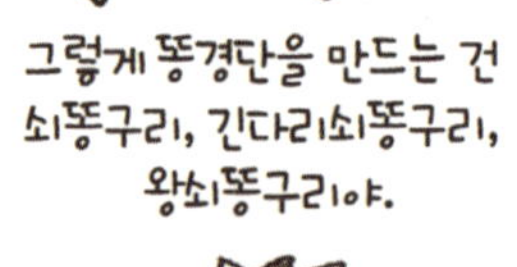
그렇게 똥경단을 만드는 건
쇠똥구리, 긴다리쇠똥구리,
왕쇠똥구리야.

얘는 똥 아래에 구덩이를 만들어.
구덩이로 똥이 떨어지면 그걸로
동그랗게 똥경단을 만들지.

그, 근데 병만아!
더 이상 못 견디겠어!

욱! 토할 것 같아!
응, 뭐?

으아, 똥냄새,
도저히 못 참겠다!

?
후다다닥

왜 저래?

질퍽질퍽 질퍽질퍽

병만이의 곤충 일기

땅굴을 파서 쇠똥 경단을 빚는 애기뿔쇠똥구리

애기뿔쇠똥구리는 색이 검고 딱지날개에 여러 개의 세로 줄이 나 있다. 햇빛을 받으면 반질반질 윤이 난다. 그리고 이마에 작지만 멋진 뿔이 있는데, 이 뿔은 수컷에게만 있고 암컷에게는 없다.

애기뿔쇠똥구리는 물기가 많아서 질퍽하고 썩은 풀냄새가 나는 소똥으로 애벌레가 알에서 깨어난 후 먹을 쇠똥 경단을 만든다. 그런데 쇠똥 경단을 만드는 방식이 독특하다. 처음부터 쇠똥을 둥글게 빚는 게 아니라 일단 쇠똥 안으로 계속 파고 들어간다. 그 다음 두 마리가 서로 힘을 모아 쇠똥 밑에 굴을 파고 굴 안으로 쇠똥이 떨어지게 한다. 굴 안에 떨어진 쇠똥으로 보름달처럼 둥근 쇠똥 경단도 만든다. 그렇게 만든 쇠똥 경단 안에 알을 낳는다. 굳이 어렵게 쇠똥을 굴까지 굴려서 가는 수고를 덜기 위해서다. 참 머리를 잘 쓰는 곤충 같으니라고!

애기뿔쇠똥구리

우리나라에서 쇠똥 경단을 굴리는 쇠똥구리 세 친구!

왕쇠똥구리, 쇠똥구리, 긴다리쇠똥구리! 이 세 친구의 공통점이 뭘까? 첫째로 우리나라에서 사는 쇠똥구리라는 점! 우리나라에는 총 33종의 쇠똥구리가 살고 있단다. 둘째로 쇠똥 경단을 만들어 물구나무를 선 자세로 쇠똥을 굴린다는 점! 셋째로 세 친구 모두 우리 주변에서 사라져 지금은 거의 찾아보기 힘들다는 점이지. 그나마 다행인 건 2013년 강원도 영월에서 살고 있는 긴다리쇠똥구리를 발견했다는 거야. 긴다리쇠똥구리는 다리 세 쌍이 모두 긴데 뒷다리 모양이 재미나지. 안짱다리처럼 생겼거든. 왕쇠똥구리는 머리에 귀여운 돌기가 6개나 뾰족하게 나 있어서 반쪽짜리 톱니바퀴처럼 보여. 쇠똥구리는 머리가 마름모꼴 모양인데 머리 가운뎃부분이 밭고랑처럼 움푹 들어가 있어.

쇠똥구리

소똥이 변해서 쇠똥구리가 사라졌다고?

예전에는 쇠똥구리가 흔했지만 지금은 많은 수가 사라졌어. 그 많던 쇠똥구리는 왜 사라져 버린 걸까? 그건 쇠똥구리가 먹을 만한 마땅한 똥이 없기 때문이야. 쇠똥구리는 쇠똥이나 말똥을 먹고 살아. 쇠똥과 말똥이 많은데 쇠똥구리가 먹을 게 없어서 사라졌다니 좀 이상하지 않아? 그것은 옛날의 쇠똥과 지금의 쇠똥이 다르기 때문이야. 옛날에는 소가 오염되지 않은 깨끗하고 신선한 풀만 먹었지만 지금은 제초제 등의 농약에 오염된 풀을 먹어. 또 소가 먹는 사료 속에는 소가 병들지 말라고 넣는 항생제도 들어 있어. 그런 먹이를 먹은 소의 똥에도 똑같이 농약과 항생제가 들어 있지. 쇠똥구리는 이렇게 오염된 쇠똥을 먹지 않아. 결국 먹이가 없어진 쇠똥구리도 사라져 버릴 수밖에 없지.

멸종 위기종 곤충들

쇠똥구리의 종류 중에서 쇠똥구리와 애기뿔쇠똥구리는 '멸종 위기종 곤충'이야. 멸종 위기종 곤충이란 살고 있는 개체수가 아주 적어서 자칫 멸종될 위험에 처한 곤충을 말해. 우리나라에서 멸종 위기종으로 지정된 곤충에는 장수하늘소와 두점박이사슴벌레, 멋조롱박딱정벌레, 물장군, 쇠똥구리, 산굴뚝나비, 비단벌레, 꼬마잠자리 등이 있어.

두점박이사슴벌레

멋조롱박딱정벌레

18. 사마귀

마음을 기억하다

단비야,
여기 좀 와 봐.

뭔데 그래?

이거
사마귀잖아.

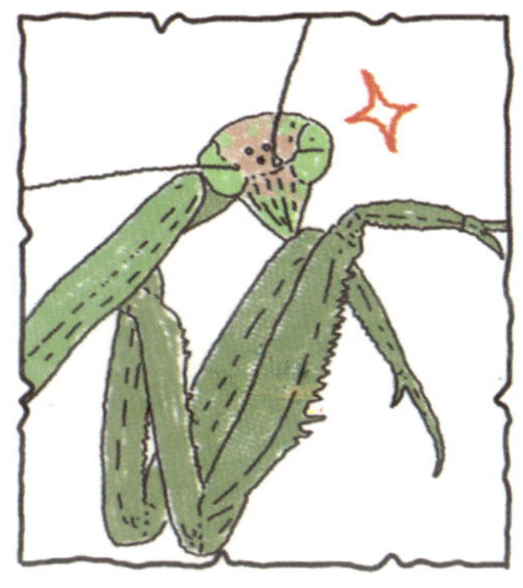

어머, 얘가 사람을 공격한다!

덤벼 봤자 한 뼘도 안 되는
곤충인데 뭐.

앞발도 무시무시하고 눈도
사납게 생겼어. 어우, 무서워.

덩치가 큰 걸 보니 암컷인데.
알을 가졌는지 배가
말랑말랑하네.
너도 만져 봐.

어우 야, 그거 저리 치워.
무섭단 말이야.
만져
보라니까.

컹 컹

야, 내가 네 주인이거든.
누구 편을 들어?
으르릉!

잘 한다,
검둥아. 너
우리집에서
살래?

곤충식량연구소.
Insect Food Research Laboratory

슈퍼 사슴벌레를 빌려 달라고.

내일 대결은 꼭 이기고 싶어요.

지난번에 슈퍼 하늘소를 빌려 줬는데 졌잖아.

그때는 하늘소가 돌을 놓치는 바람에…. 사슴벌레를 빌려 주시면 반딧불이를 잡아 올게요.

음~, 전에 반딧불이 잡아 오랬더니 풍뎅이만 잔뜩 잡아 왔잖아.

반딧불이 있는 곳에 사나운 개가 돌아다녀서 잡을 수가 없었어요.

됐고. 그럼 이번엔 비단벌레를 잡아 와.

비단벌레요? 그건 무슨 벌레예요?

그건 네가 알아서 찾아 보고. 여기 사슴벌레 있다.
?

예, 고맙습니다.
무슨 채집통이 이렇게 커?
어이쿠, 무거워!

우아, 이게 진짜 사슴벌레야?

병만이의 곤충 일기

생김새만큼이나 무서운 사냥꾼, 사마귀

사마귀는 곤충 중에서도 사냥을 잘하기로 유명하다. 사마귀의 무기는 앞다리로, 다른 곤충보다 길고 잘 발달되어 있다. 이 긴 앞다리는 사람의 팔처럼 완전히 접을 수가 있어서 멀리 있는 먹잇감을 향해 쭉 폈다 재빨리 접는 식으로 사냥한다. 거기다 앞다리에는 톱니처럼 날카로운 가시가 돋아 있어서 먹잇감을 일단 잡으면 쉽게 놓치지 않는다.

역삼각형 모양에 외계인처럼 커다란 눈이 달려 있는 사마귀의 머리는 큰 앞다리와 몸집에 비해 아주 작은 편이다. 눈이 큰 만큼 시력이 좋아서 먹잇감을 잘 찾아낸다. 또 머리를 자유롭게 돌릴 수 있어서 앞뿐만 아니라 좌우에 있는 먹잇감의 움직임도 놓치지 않는다. 게다가 먹잇감을 찾았을 때는 먹잇감이 다가올 때까지 꼼짝 않고 기다릴 줄 아는 끈기까지 갖추고 있다.

사마귀는 식성도 무척 좋다. 나뭇가지나 풀숲에 몰래 숨어 있다가 먹잇감이 다가오면 크기가 작은 메뚜기나 나비는 물론 크기가 큰 매미나 거미에 이르기까지 가리지 않고 잡아먹는다.

한 술 더 떠 암컷 사마귀는 교미 중에 수컷 사마귀를 잡아먹는다. 아무리 식성이 좋아도 자신의 신랑을 잡아먹다니. 나중에 선생님께 들은 얘긴데 암컷 사마귀는 뱃속에 들어 있는 알들에게 영양분을 공급해 주기 위해서 그런 것이란다. 사마귀의 모성은 정말 무섭다.

사마귀

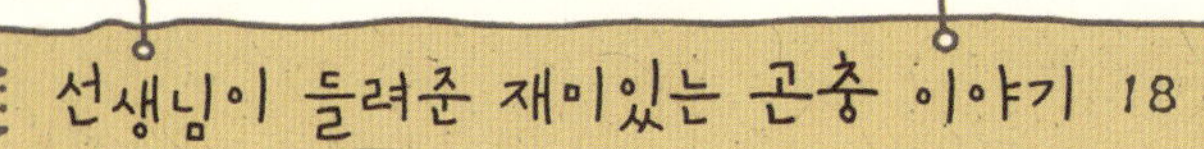

사마귀 알집은 아기들의 겨울 별장

추운 겨울이 오기 전 사마귀에게는 꼭 해야 할 일이 있어. 알들이 겨울을 보낼 겨울별장을 미리 마련해 주는 거지. 어미 사마귀는 겨울이 오면 추위를 견디지 못하고 죽어. 하지만 자신의 알은 추운 겨울을 잘 이겨내고 따뜻한 봄날에 깨어날 수 있도록 추위에도 까딱없는 따뜻한 알집을 지어 주는 거야.

알을 낳는 사마귀

사마귀는 거품 같은 분비물로 알집을 지어서 그 안에 알을 낳아. 알집은 나뭇가지나 풀줄기에 단단히 붙여 놓았기 때문에 한겨울 눈보라에도 끄떡없지. 알집 재료인 거품은 시간이 지날수록 단단하게 굳어서 스폰지처럼 되는데, 추위에도 알들을 따뜻하게 감싸주지. 덕분에 200~400개나 되는 사마귀 알들은 알집 속에서 겨울을 무사히 잘 보낼 수가 있단다.

곤충은 어떻게 겨울을 날까?

겨울나기는 곤충에게 아주 중요한 일이야. 겨울에 몽땅 얼어 죽으면 다음 세대를 이어갈 수 없기 때문이지. 곤충은 알이나 애벌레, 번데기 상태로 겨울을 나. 어떤 곤충들은 어른벌레인 채로 겨울을 나기도 해.

무당거미나 매미나방은 알집 안에서 알 상태로 겨울을 나. 사슴벌레나 장수풍뎅이는 죽은 나무껍질 속에서 애벌레 상태로 겨울을 나지. 나무껍질도 알집만큼이나 따뜻하거든. 나뭇잎이나 나무껍질을 도롱이처럼 엮어서 그 안에 들어가서 겨울을 나는 차주머니나방 애벌레도 있어. 호랑나비나 배추흰나비는 평소에 좋아하던 나무의 가지에 고치를 틀고 겨울을 나지. 어른벌레로 겨울을 나는 나비도 있는데, 바로 네발나비야. 겨울에도 그늘이 지지 않는 따뜻한 풀밭 아래에 숨어 살아. 또 층층이 쌓인 낙엽 아래에서 함께 모여 겨울을 나는 무당벌레도 있단다.

무시무시한 기생충, 연가시

사마귀의 몸속에서 영양분을 빼앗아 먹고 사는 기생충이 있어. 바로 긴 철사처럼 생긴 연가시야. 연가시는 연못이나 웅덩이, 계곡 등 물가에서 사는데 알에서 깨어난 연가시는 물속에 사는 모기 유충 같은 데에 꽉 붙어 있다가 사마귀가 유충이나 성충을 잡아먹을 때 사마귀의 몸속으로 들어가지. 사마귀의 몸속으로 들어간 연가시는 사마귀의 몸속 영양분을 빼앗아 먹으며 사는데 다 클 때까지 몸속에서 절대 빠져나오지 않아. 몸속에서 빠져나올 때는 단 한 번, 알을 낳을 때야. 연가시는 놀랍게도 사마귀가 물가로 가도록 조정한다지 뭐야? 그러면 사마귀는 연가시가 자기를 조정하는 줄도 모르고 물속으로 뛰어들지. 연가시는 그때를 노렸다가 사마귀의 몸을 뚫고 빠져나와 알을 낳을 장소를 찾아가. 그럼 사마귀는 안타깝게도 그 자리에서 죽고 만단다.

연가시

19. 사슴벌레

괴물의 등장, 그리고 일곱 번째 곤충 대결

꽈악!

그래, 좋아.
다리를
부러뜨려.
쥐방울만 한 거
밟아 버려.

퉁!

어서
피해.

안 돼!
저걸 어째?!
헉!
잘한다!
끝내 버려!

콱!
버둥
버둥

병만이 사슴벌레가
두 동강이 났어!
오드득!

안 돼!

끼리릭~

으악!
털썩

사람
살려!
후다닥
사사삭

으아아악!

사람 살려!
끼릭 끼릭

끼릭끼릭

꼬끼오~.
치킨!?

휙
나간다!

털썩
털썩

후유~ 죽는 줄 알았네.

수철이 이 녀석
어디 갔어?
두리번
두리번

나, 여기.

너 저런 괴물을
어디서 데려온 거야?

어디긴 숲 속이지. 아무튼
이번 대결은 내가 이긴 거지?

너 우리 모두를 위험에 빠뜨려 놓고도
그런 소리가 나와?
아아아, 아파!

병만이의 곤충 일기

사슴뿔 모양의 멋진 큰 턱을 가진 사슴벌레

사슴벌레는 길앞잡이, 송장벌레, 무당벌레, 장수풍뎅이와 같이 딱정벌레 무리다. 딱정벌레란 연약한 몸을 보호해 주는 키틴질로 된 딱딱한 딱지날개가 있는 곤충을 말한다. 두 쌍의 날개가 있는데, 그중 딱지날개는 앞날개에 해당하고 뒷날개는 평상시에는 앞날개 안에 접어 두었다가 날아오를 때만 날개를 펼친다. 딱딱한 딱지날개 말고도 큰 턱이 무척 발달했다. 큰 턱의 모양이 사슴뿔과 닮아서 사슴벌레라는 이름이 붙었다고 한다. 사슴벌레의 큰 턱은 쫙 벌렸다가 꼭 오므려 집게처럼 사용할 수 있는데, 이 큰 턱이 다른 곤충들과 싸울 때 강력한 무기가 된다. 큰 턱으로 상대를 꽉 물면 몸을 뚫거나 큰 상처를 입힐 수 있고 큰 턱으로 상대를 받으면 상대가 나가떨어지기 때문이다. 물론 사슴벌레가 아무 때나 큰 턱을 마구 사용하는 건 아니다. 숲 속에서 사슴벌레의 먹이인 나뭇진을 더 많이 차지하기 위해서 경쟁 상대를 물리치려 하거나 짝짓기를 위해서 암컷을 다른 수컷들로부터 지켜내려 할 때다.

사슴벌레

그런데 이렇게 커다란 턱에 힘도 세고 날 수도 있는 사슴벌레에게도 좀 재미있는 구석이 있다. 자신이 감당할 수 없는 적을 만나 위험을 느끼면 스스로 나무 밑으로 떨어져서 죽은 척을 한다. 마치 쌀을 파먹는 바구미처럼 말이다. 쳇, 이름값도 못하는 녀석 같으니라고.

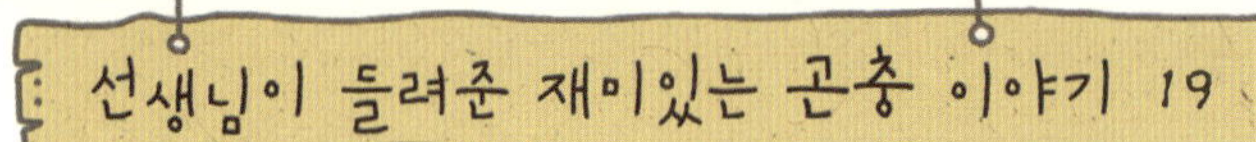

우리나라에 사는 사슴벌레들

우리나라에 사는 사슴벌레로는 톱사슴벌레, 넓적사슴벌레, 사슴벌레, 왕사슴벌레, 애사슴벌레, 두점박이사슴벌레, 다우리아사슴벌레, 원표애보라사슴벌레, 홍다리사슴벌레, 털보왕사슴벌레, 참넓적사슴벌레, 길쭉꼬마사슴벌레, 뿔꼬마사슴벌레 등을 꼽을 수 있어.

톱사슴벌레

애사슴벌레

두점박이사슴벌레

곤충을 채집하는 여러 가지 방법

곤충이 좋아하는 먹이를 놓아 잡는 방법 외에도 곤충을 채집하는 방법은 여러 가지야. 우선 눈으로 관찰하여 잡거나, 함정을 파 놓고 꾀어서 잡기도 하지. 불빛으로 모여드는 성질을 이용하기도 하고, 포충망이나 뜰채를 쓰기도 해.

가장 기본적인 방법은 눈으로 관찰하여 잡는 거야. 아무 채집 도구가 없이도 채집한 곤충을 담을 채집통 하나만 있으면 가능하니까. 다만 곤충은 크기가 작기 때문에 주의 깊게 관찰해야 발견할 수 있고 인내심을 가져야 잘 찾아낼 수 있어.

잠자리채 같은 포충망을 휘둘러서 채집하는 방법은 잡겠다는 욕심에 포충망을 거칠게 휘둘러 곤충을 다치게도 하니까 조심해야 해. 또 곤충의 날개가 다치지 않도록 망이 크고 부드러운 게 좋아.

땅을 파서 종이컵 함정을 만드는 방법도 있어. 종이컵 안에 먹이를 넣어 두면 먹이를 먹으러 들어왔다가 종이컵이 미끄러워서 밖으로 빠져나가지 못하거든. 또 밤에 활동하는 야행성 곤충은 불빛을 보고 모여드는 특성이 있으니 불빛으로 유인하여 잡을 수도 있어. 물속에 사는 곤충은 뜰채를 이용하거나 그게 없으면 바구니나 그물로 떠내면 되고 말이지.

포충망

20. 비단벌레

아름다운 시절의 흔적

곤충 도둑
잡아라!
대정떡집
년장터국

게 섰거라!
후다닥

저 녀석, 또 무슨
사고를 친 거야?

은우네 사진관
연남 문방
시계 수리 · 열쇠 · 도장
KODA FILM

곤충도감 갖고 나올 테니까
기다려.
응.

아저씨, 어떻게
비단벌레를
찍으셨어요?
요즘은 볼 수 없는
곤충이라던데.

그거 아주 옛날에 찍은 거야.
그때는 그냥 아름다워서
찍었는데,
이렇게
다시는 볼 수
없게 될진
몰랐지.

어, 이 아줌마 무당할매랑
똑같이 생겼다!

지금과는
많이 다른데
용케
알아보는구나.

옛날 얼굴은 하나도
안 무섭게 생겼네.

사람들이 무당이라고 괜히
이상한 소문을
내서 그렇지
얼마나 마음이
따뜻한 분인데.

전에도 보았는데,
이 아줌마 왠지
눈에 익어요.

아차, 이걸 안 치웠네.
?

삐질
삐질
갸우뚱

후유~, 감추는 게 능사는
아니지. 언제고 알 테고 말이야.
후유~!

너와
네 엄마야.

우리 엄마요? 이 사람이
우리 엄마예요?

그래. 옛날 네 엄마가 널 안고
운동회에 온 걸 내가 찍었지.

엄마~

네 아빠도 그렇지. 병만 엄마가
아무리 미워도 애한테 엄마
사진 정도는 보여 줬어야지.

이 사진 갖고 싶으면 가져가도 좋아.

그리고.
뒤적
뒤적

병만이의 곤충 일기

비단처럼 아름다운 빛깔을 가진 비단벌레

비단벌레는 몸의 빛깔이 비단처럼 아름답다고 해서 붙여진 이름이다. 비단벌레의 몸 빛깔이 얼마나 고우면 비단벌레라는 이름까지 얻게 되었을까? 비단벌레는 몸 전체가 녹색, 또는 황금빛을 띠는 녹색의 빛깔을 가졌고 광택까지 있어서 불빛이 있는 곳에서 보면 화려하게 반짝거린다. 비단벌레나 소나무비단벌레는 몸의 길이가 40밀리미터 정도의 크기로 곤충치곤 꽤 큰 편이다. 물론 10밀리미터 이하로 작은 종인 금테비단벌레가 더 많지만 말이다.

비단벌레에는 여러 종류가 있지만 남쪽 지방에 사는 초록색 광택 비단벌레가 사람들의 사랑을 많이 받았다. 하지만 비단벌레의 초록색 빛깔은 사람들의 사랑을 받기 위해 생겨난 게 아니다. 진짜 이유는 자기 짝을 찾기 위해서다. 비단벌레 암컷이 초록빛 날개딱지를 빛에 반사시키면 수컷 비단벌레가 그 빛을 보고 자기 짝을 찾아간다.

비단벌레

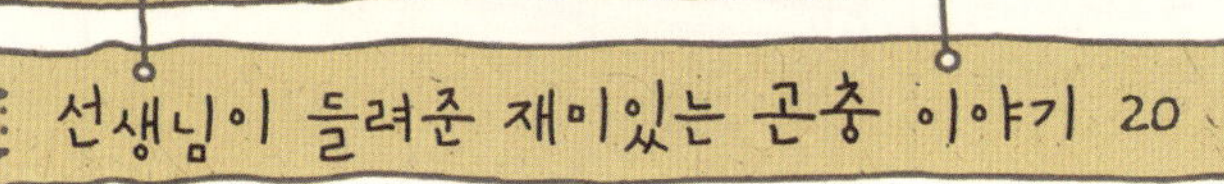

고대의 비단벌레 장식품

지금은 비단벌레를 거의 찾아볼 수 없지만 예전에는 비단벌레가 흔했나 봐. 신라 시대 고분인 황남대총에서는 비단벌레의 초록색 딱지날개로 장식한 '금동 말안장 뒷가리개'와 화살통의 부품인 멜빵이 발견되었거든. 그 밖에 신라 시대 고분인 금관총이나 고구려의 진파리 고분에서도 비단벌레 딱지날개로 장식한 유물이 발견되었지. 그중 말안장 뒷가리개가 눈에 띄는데, 그것를 장식하기 위해 비단벌레 2천 마리의 딱지날개가 들어갔다고 해. 또 일본의 '옥충주자'라고 불리는 장롱을 만드는 데에는 비단벌레가 4천 500마리나 들어갔다고 해. 아름답다고 보이는 대로 잡아들인 때문인지 아니면 오염된 환경 때문인지 지금은 거의 찾아보기 힘들어졌지. 그래서 지금은 멸종 위기 곤충과 천연기념물 제496호로 지정해서 보호하고 있단다.

금동 말안장 뒷가리개

천연기념물로 지정된 곤충들

천연기념물로 지정된 곤충으로는, 제218호 장수하늘소, 제322호 무주 일원 반딧불이와 서식지, 제458호 산굴뚝나비, 제496호 비단벌레 이렇게 네 가지가 있어. 천연기념물이란 학문 연구에 의미가 있고 보기에 매우 아름다워서 보호하고 지켜야 하는 것을 법으로 정한 거야. 그 종류로는 동식물과 서식지, 지질 및 광물 등이 있어.

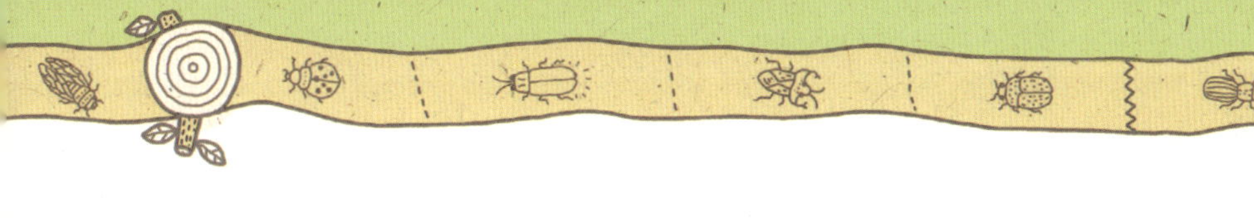

위의 네 가지 곤충들이 천연기념물로 지정된 이유는 다음과 같아. 비단벌레는 우리나라의 아름다운 문화재를 장식한 재료라는 점, 장수하늘소는 대륙이동설의 증거라는 점, 반딧불이는 그 불빛이 사람들에게 아름다운 감정을 불러일으킨다는 점, 산굴뚝나비는 육지와 제주도가 이어져 있었다는 증거라는 점 등이 그것이야.

산굴뚝나비

비단벌레가 천연기념물로 지정된 특별한 이유

비단벌레는 몸의 빛깔이 아름다워서 많은 사람들의 사랑을 받아왔어. 비단벌레의 다른 이름은 옥충인데, 그 빛깔이 얼마나 고우면 보석 이름인 옥(玉) 자를 붙여 '옥충' 이라고 불렀을까?

신라 고분과 고구려 고분에서 비단벌레의 딱지날개로 장식한 유물들이 많이 발견되었다고 했지? 그 유물을 보면 '옥충식' 이라고 하는 삼국 시대 고유의 장식 방법을 알 수 있단다. 옥충식은 비단벌레 딱지날개를 십자 모양으로 배열하여 한 송이의 꽃 모양을 만드는 장식 방법이지. 삼국 시대의 독창적인 장식 문화를 엿볼 수 있을뿐더러 문화재로서의 가치가 있어서 비단벌레가 천연기념물로 지정되었단다.

21. 잠자리

너와 함께 하늘을 보다

그런데 수입 쇠고기가 들어오면서 소 값이 폭락했어. 결국 네 아빠는 큰 빚을 지고 쫓겨 다녔고, 빚쟁이에 시달리던 네 엄마는 집을 나갔지...

네 아빠는 엄마를 용서할 수 없어서 모든 사진을 불태워 버렸지. 그리고 빚 갚을 돈을 벌기 위해 서울로 떠난 거야.

어, 너 여긴
어떻게 알고
왔어?
벌떡

너희 할아버지가 가르쳐 주시던데.
털썩

야, 근데 여기 참 좋다.
너 서울
간다며?

벌써 갔다 왔지. 거기서 사냐?
나쁜 놈, 근데 이렇게 좋은 델
너만 알고 있었던 거야?

그럼 여기서 계속
사는 거야?

당연하지. 오랜만에 서울 가니까
공기도 안 좋고 별로더라.

야, 잠자리
진짜 많다

헉헉!

헉헉헉,
잡힐
뻔했네.

그 녀석 이쪽으로 갔지?
헉!

어디로
사라졌지?

슈퍼 사슴벌레가 세상에
알려지면 안 되는데.

이 귀뚜라미 녀석이 더듬이로
어디를 더듬는 거야?

후, 후, 저리 가.

휘~
컥!

뒷다리가 이에 걸렸어. 퉤퉤!
퉤
퉤

이 녀석 여기
숨어 있었군.

이거
놔요!

병만이의 곤충 일기

비행기 조종사도 부러워하는 멋진 비행사, 잠자리

잠자리 눈은 머리의 절반 이상을 차지할 정도로 크다. 오른쪽에 겹눈 하나, 왼쪽에 겹눈 하나, 그리고 정수리에 홑눈 세 개가 있다. 게다가 머리까지 자유자재로 돌릴 수도 있어서 사방에서 움직이는 물체를 잘 볼 수 있다. 겹눈은 낱눈이 2만 개 넘게 모여서 이루어져 있다.

그런데 잠자리 눈 가까이에서 손가락을 돌리면 잠자리는 사람의 손길을 눈치채지 못하고 잡힌다. 이것은 2만 개가 넘는 각각의 눈에 빙글빙글 도는 손가락이 맺히기 때문이다. 이렇게 어지러워하는 틈을 이용하면 잠자리를 잡을 수 있다. 다만 가까이 다가갈 때까지 잠자리가 알아채지 못한다면 말이다.

또 잠자리는 날개 근육이 잘 발달되어서 빨리 날 수 있다. 고속도로에서 달리는 자동차 속도와 비슷한 시속 100킬로미터의 속도로 날 수 있다. 또 앞뒤 날개를 따로 움직일 수 있어서 제자리에서 한참을 떠 있을 수도 있고 갑자기 방향을 확 바꿀 수도 있다. 정말 멋진 비행사다!

잠자리

생김새가 같은 원시 시대 잠자리와 현재 잠자리!

아주 먼 옛날 원시 시대에 살던 잠자리는 지금의 잠자리와 달리 크기가 어머어마했어. 자연환경의 조건이 달랐기 때문이지. 석탄기 지구의 자연환경은 거대한 석송류나 양치식물 등이 번성해서 대기 중에 산소가 아주 많았어. 덕분에 몸집도 아주 크게 자랄 수 있었지. 몸집이 크면 그만큼 더 많은 산소를 마셔야 하는데, 공기 중에 산소 농도가 높아서 조금만 들이쉬어도 많은 산소를 쉽게 마실 수 있기 때문이야.

그 시기에 살았던 거대잠자리를 '메가네우라' 라고 해. 지금으로부터 3억5천만 년 전쯤에 살았던 메가네우라는 날개를 펼친 길이가 무려 75센티미터나 되었어. 만일 지금 메가네우라가 하늘을 난다면 독수리도 깜짝 놀랄 거야.

하지만 고생대에 살았던 거대잠자리와 현재의 잠자리는 크기만 다를 뿐 생김

고생대 석탄기의 자연환경

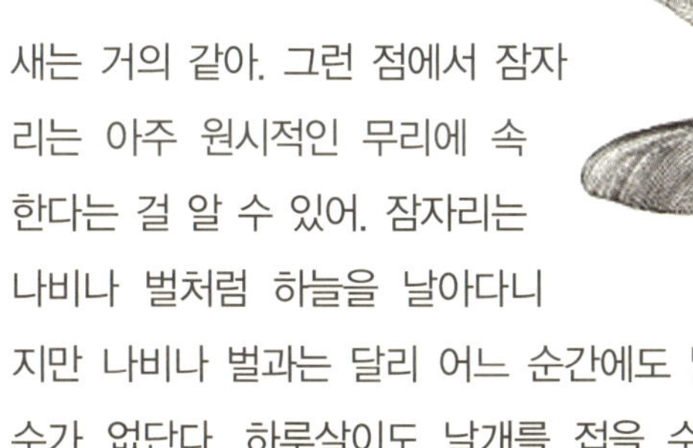

새는 거의 같아. 그런 점에서 잠자리는 아주 원시적인 무리에 속한다는 걸 알 수 있어. 잠자리는 나비나 벌처럼 하늘을 날아다니지만 나비나 벌과는 달리 어느 순간에도 날개를 접을 수가 없단다. 하루살이도 날개를 접을 수 없는 곤충 중에 하나인데, 잠자리는 하루살이와 함께 원시적인 무리에 속하지.

메가네우라

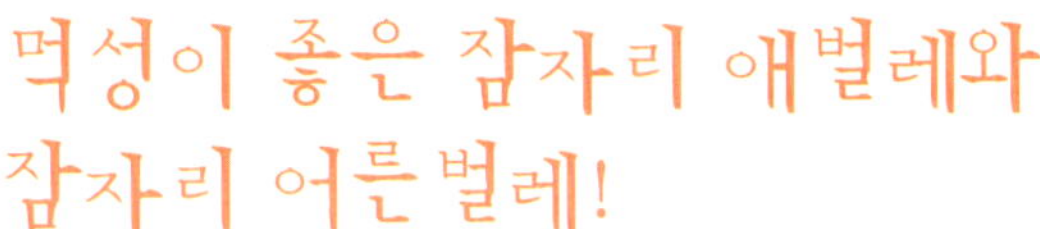

먹성이 좋은 잠자리 애벌레와 잠자리 어른벌레!

잠자리는 애벌레 시기나 어른벌레 시기에 모두 먹성이 아주 좋아. 먹성이 좋다는 건 먹이를 사냥하는 사냥 기술도 뛰어나다는 말과 같지. 알에서 깨어난 잠자리 애벌레인 학배기는 물속에서 먹이 사냥을 해. 물속 바닥에서 몰래 숨어 있다가 먹잇감이 지나가면 유난히 긴 아랫입술로 먹이를 순식간에 낚아채지. 학배기는 모기의 애벌레를 유난히 좋아하는데, 그것 말고도 물속에서 사는 다른 곤충의 애벌레나 올챙이, 송사리, 물자라 등도 잡아먹어.

10번이 넘게 허물을 벗고 날개돋이를 한 학배기는 물 밖에서 먹이 사냥을 해. 학배기가 모기 애벌레를 좋아한다면 어른벌레인 잠자리는 날아다니는 모기 성충을 좋아해. 그 밖에 파리나 날아다니는 작은 곤충을 좋아해서 심지어는 자기보다 작은 잠자리를 잡아먹기도 하지. 잠자리의 다리에는 날카로운 가시가 다닥다닥 나 있어서 한번 낚아챈 먹잇감을 절대로 놓치는 법이 없어. 이런 잠자리의 엄청난 먹성은 사람들이 반길 일이란다. 잠자리는 사람들에게 피해를 주는 모기나 파리 같은 해충을 잡아먹거든.

22. 귀뚜라미

병만, 수철을 구하다

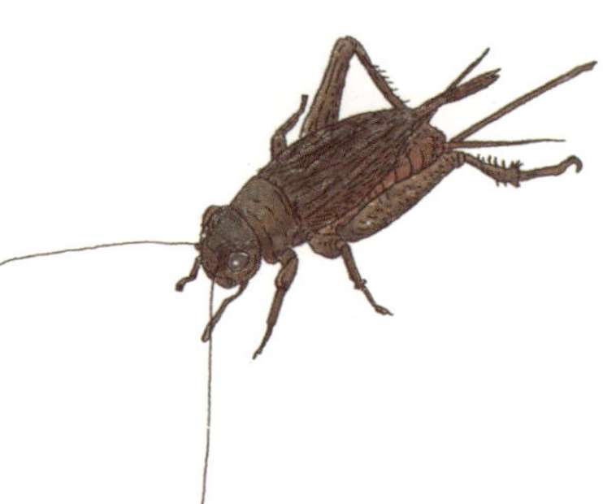

이때다잉 도망가자잉

아이고, 이 놈의 귀뚜라미들이 왜 이렇게 안 떨어져.
탁탁!
탁탁!

이 녀석들, 거기 안 서?

이놈들 멈춰라!

이크, 잡히겠어잉

딱!

띵~!
어이쿠, 머리야잉
뭐야, 또?

이 잡게 귀신들, 이번엔 애들을 괴롭히냐?

할머닌 모르면 비키세요.

당장 물러서지 못 할까?…
무당할매가 최고야!
혼좀 나야 해!

이글
이글

미친 무당이래. 괜히 귀찮은 일에 엮이지 말고 일단 가자고.

너, 사슴벌레 안 가져오면 혼날 줄 알아!

다친 데는 없냐?

예~!
감사합니다.

살아 있는 걸 가지고 장난치는 사람들은 가까이 하지 마라.

귀뚜라미가 우네. 벌써 가을이 깊었나?

귀뚤~!
귀뚤~!
귀뚤!
귀뚤!
귀뚤~!
귀뚤~!
귀뚤~!
귀뚤~!
귀뚤~!

병만이의 곤충 일기

겨울이 오기 전에 알을 낳는 귀뚜라미!

귀뚜라미는 전 세계에 1천200여 종이 있는데, 우리나라에는 30여 종이 서식한다. 대부분 땅바닥 근처에서 사는 귀뚜라미는 여름에서 가을까지 집 근처에서도 자주 발견된다. 밤에 주로 활동하는 야행성이고 아무거나 잘 먹는 잡식성이며, 성질이 사나워서 동족을 잡아먹기도 한다. 몸길이는 2센티미터 정도에 더듬이는 몸길이의 한 배 반이 넘을 정도로 아주 길다. 매미의 울음소리가 배에서 나는 반면, 귀뚜라미의 울음소리는 앞날개에서 난다. 울음소리를 내면 듣는 기관도 있어야 하는 법! 귀뚜라미는 앞다리 마디에 있는 고막으로 소리를 듣는다. 암컷 귀뚜라미는 수컷 귀뚜라미의 울음소리를 듣고 찾아가 짝짓기를 한 후 땅속에 알을 낳는다. 겨울이 오기 전에 종족을 이어갈 알을 낳아야 하기 때문에 귀뚜라미는 가을 내내 우나 보다.

귀뚜라미

귀뚜라미 울음소리의 비밀

귀뚜라미는 가을밤이 되면 '귀뚤귀뚤' 하면서 울지. 마치 가을이 찾아왔다고 알려 주려는 것처럼 말이야. 그렇다면 귀뚜라미는 왜 가을에 우는 걸까? 그건 귀뚜라미가 가을이 됐다고 사람들에게 알려 주려는 게 아니라 제 짝을 찾기 위해서야. 그런데 암컷 귀뚜라미는 울지 못하고 수컷 귀뚜라미만 울 수 있어. 수컷만 울 수 있는 건 매미도 마찬가지잖아? 수컷 귀뚜라미가 귀뚤귀뚤 하고 울면 그 울음소리를 듣고 암컷 귀뚜라미가 찾아와서 짝짓기를 해. 그러니까 귀뚜라미의 울음소리는 암컷 귀뚜라미를 부르는 사랑의 세레나데 같은 거지.

귀뚜라미는 앞날개를 비벼서 울음소리를 내. 수컷 귀뚜라미의 오른쪽 앞날개 안쪽에는 사포처럼 까끌까끌한 줄무늬가 있고 왼쪽 앞날개 바깥쪽에는 뾰족한 돌기가 있어서 이것을 서로 비비면 귀뚤귀뚤 하고 소리가 나는 거야. 그런데 이 울음소리는 우리 귀엔 다 비슷하게 들려도 종마다 다 달라. 종마다 날개의 형태가 조금씩 다르기 때문이지. 악기의 형태가 다른 거문고나 가야금, 비파의 소리가 제각각 다르듯이 말이야.

귀뚜라미 울음소리가 음악소리보다 더 좋아!

우리나라 토종 귀뚜라미인 왕귀뚜라미의 울음소리는 아열대산 귀뚜라미나 다른 귀뚜라미 울음소리에 비해 무척 아름다워. 그래서 왕귀뚜라미의 아름다운 울음소리를 듣기 위해 애완용으로 키우기도 하지. 귀뚜라미의 은은하고 아름다운 울음소리를 듣고 있으면 마음이 차분해지고 편안해지기 때문이야. 이렇게 사람들에게 정서적으로 도움을 주는 곤충을 '정서곤충' 또는 '문화곤충'이라고 해. 아름다운 불빛을 깜빡이는 반딧불이도 정서곤충 가운데 하나지. 우리 선조들은 '충롱'이라고 하는 작은 귀뚜라미 집을 만들어 머리맡에 매달아 놓고 잠자기 전에 듣기도 했단다. 아예 허리춤에 차고 다니면서 듣기도 했대. 너희들이 스마트폰에 음악을 저장해 놓고 다니면서 듣는 것처럼 말이야.

꼽등이는 울지 못한다?

귀뚜라미와 생김새가 몹시도 비슷한 곤충이 있어. 그 이름도 재미난 꼽등이지. 꼽등이라는 이름은 등이 둥글게 튀어나오고 굽었다고 해서 붙여졌어. 얼핏 보면 귀뚜라미와 매우 닮아서 사람들은 흔히 꼽등이를 귀뚜라미로 착각하기도 하지. 하지만 알고 보면 귀뚜라미와 꼽등이는 아주 큰 차이점이 있어. 귀뚜라미는 귀뚤귀뚤 하고 울지만 꼽등이는 절대 울지 않는다는 점이야. 귀뚜라미 울음소리는 두 날개를 맞대고 비볐을 때 나는 소리라고 했잖아? 그런데 꼽등이에게는 맞대고 비빌 날개 자체가 없단다. 날개가 없으니 꼽등이는 울고 싶어도 울지 못하겠지? 귀뚜라미와 꼽등이의 구분법, 이제 확실히 알겠지? 귀뚜라미는 날개가 있고, 꼽등이는 날개가 없다는 것!

꼽등이

23. 바퀴벌레

아빠와 함께한 시간들

어, 그래. 어머니는 뭘 또 이렇게.
가져 오느라 고생 했겠다.

춥다, 가자.

휘이이잉~
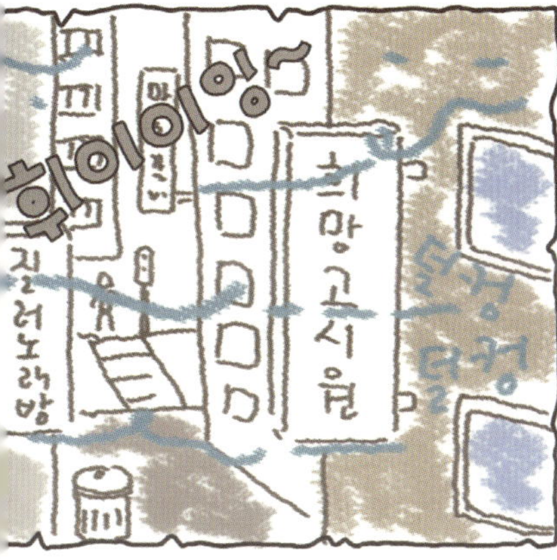
휘이이잉~
희망고시원
질러노래방
덜컹 덜컹

여기가 아빠가 사는 곳이야. 실망이지?

아뇨. 마치 비밀요원의 아지트 같아요.

하하하, 비밀요원의 아지트? 갑자기 이 방이 뭔가 대단한 의미를 가진 듯한걸.

아무리 대단한 비밀요원이라도 저녁은 먹어야지? 치킨 어때?

치킨이요? 우아, 좋아요.

희망 고시원 303호인데요, 치킨 한 마리 갖다 주세요.

야, 이게 바퀴벌레구나.

오~, 이거 굉장히 큰데.

정말 질긴 놈들이야. 하긴 인류가
멸망해도 바퀴벌레는 살아남는다지.
퍽!

그거 잡아가려 했는데.

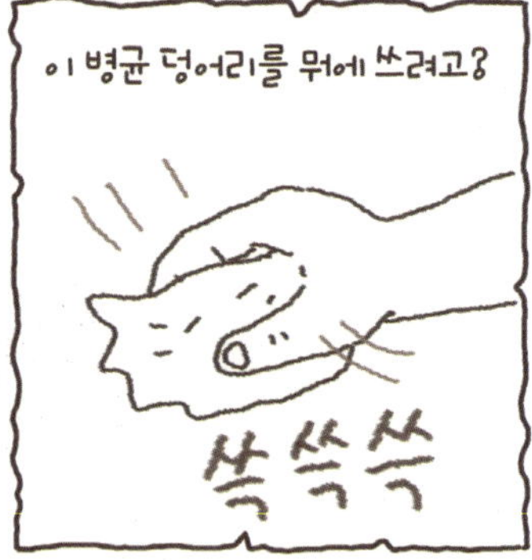
이 병균 덩어리를 뭐에 쓰려고?
쓱쓱쓱

수철이랑 곤충 대결을 하려고요.

곤충 대결? 그러다 미국바퀴가 마을에 퍼지면 어쩌려고?

아참, 그걸 생각 못했네. 그러잖아도 베스나 블루길 때문에 난린데.

그건 그렇고 너희들도 곤충 대결을 하니?

그럼요. 세계 어디서나 곤충 대결이 대유행이에요.

그래? 아빠 어릴 적엔 하늘소로 돌드레하는 게 유행이었는데.

지금도 해요. 저번엔 제가 돌드레를 해서 이겼어요.

어떤 하늘소를 썼는데?

알락하늘소요.

날개 달린 곤충 중 지구에서 가장 오래된 곤충, 바퀴벌레

병만이의 곤충 일기

바퀴벌레는 날개가 달린 곤충 중에서 지구에서 가장 오래된 곤충이다. 그래서 바퀴벌레를 살아 있는 화석이라고 부른다. 바퀴벌레가 지구에서 산 지 얼마나 오래되었는지 알면 깜짝 놀랄 것이다. 지금으로부터 무려 3억 년 전인 고생대 석탄기로 거슬러 올라간다. 이때 날개를 가진 최초의 화석인 원바퀴목이 발견되었는데, 이 시기에 이미 바퀴벌레가 아주 많이 번성했음이 밝혀졌다. 공룡이 살았던 때보다 훨씬 오래전 일이다. 공룡은 중생대에 주로 번성했으니 말이다.

바퀴벌레와 같은 시기에 살았던 잠자리의 몸길이가 75센티미터였을 정도니 바퀴벌레도 당연히 컸는데, 바퀴벌레의 화석을 보면 더듬이를 빼고도 크기가 40~50센티미터는 된다. 내가 공부하는 책상 정도의 크기다. 이렇게 큰 바퀴벌레가 거실에서 기어 다닌다면? 으, 생각만 해도 끔찍하다. 하지만 그 오랜 세월 지구에서 살아왔으니 그 생명력 하나만은 인정해 줄 만하다.

바퀴벌레

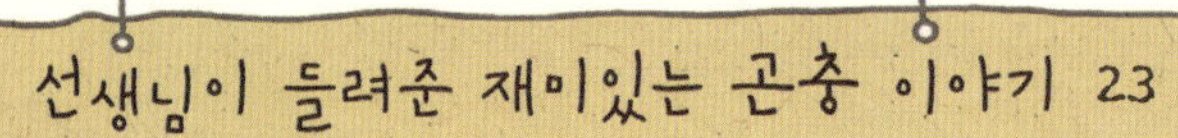

끈질긴 바퀴벌레의 생명력

바퀴벌레는 지구상에서 가장 오래된 곤충이야. 만일 지구가 멸망한다고 하더라도 마지막까지 살아남을 것으로 예상될 정도로 강인하고 끈질긴 생명력을 갖고 있지. 심지어 살충제를 뿌려도 끝까지 죽지 않고 살아남는데, 살충제를 뿌릴 때마다 살충제에 대한 저항력을 스스로 키우기 때문이야. 또 위험에 처했을 때 도망치는 속도는 바퀴벌레를 사람의 키로 바꾸어 계산했을 경우 자동차의 속도보다 빨라. 순간적인 지능은 사람보다 높은 데다가, 높은 곳에서 떨어져도 죽지 않고, 날아가는 속도가 최고 120킬로미터를 넘고 물만 먹고도 한 달 정도를 버틸 수가 있단다. 무엇보다 아무거나 잘 먹는 식성과 엄청난 번식력이 오랫동안 살아남을 수 있는 비결이 아닐까 해. 플라스틱이건 에폭시 섬유건, 음식물이건, 동물의 똥이건 아무것도 가리지 않고 닥치는 대로 먹고, 1마리의 바퀴벌레가 1년이면 10만 마리 이상으로 번식할 수 있거든.

바퀴벌레 화석

해충과 익충을 나누는 기준은?

해충은 사람에게 해를 끼치는 곤충, 익충은 이익을 주는 곤충을 말해.

바퀴벌레는 음식물을 먹을 때 이미 먹은 먹이를 토해내기 때문에 식중독을 일으킬 수가 있고, 바퀴벌레가 탈피할 때 벗은 껍질과 바퀴벌레의 배설물을 깨끗이 청소하지 않으면 피부염이나 비염에 걸릴 수가 있어. 그렇다면 바퀴벌레는 두 말할 필요도 없이 해충이지. 그리고 사람의 피를 빨아먹는 모기나, 농작물의 줄기를 빨아먹는 진딧물, 집의 나무를 갉아먹는 흰개미 등이 해충에 속해.

반면 무당벌레는 해충인 진딧물을 잡아먹기 때문에 익충이지. 단백질이 많아 음식으로 먹을 수 있는 굼벵이 역시 익충이야.

하지만 해충과 익충은 사람의 기준으로 나눈 것일 뿐 자연의 기준으로 볼 땐 해충과 익충이 따로 있는 게 아니란다. 곤충들은 각자 자신을 둘러싼 자연환경 속에서 치열하게 살아갈 뿐이라는 말씀!

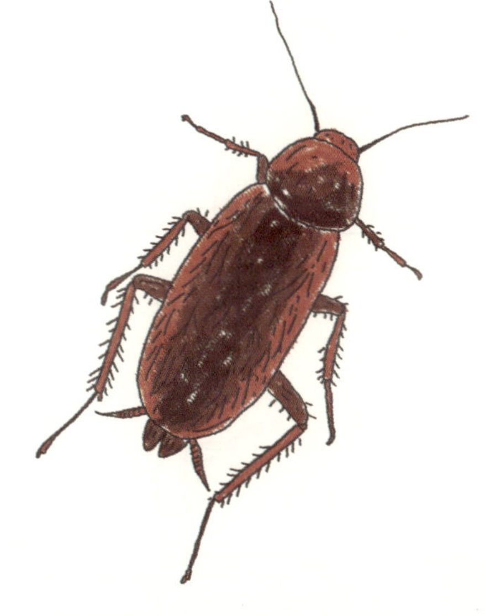

24. 모기

엄마가 없는 사진

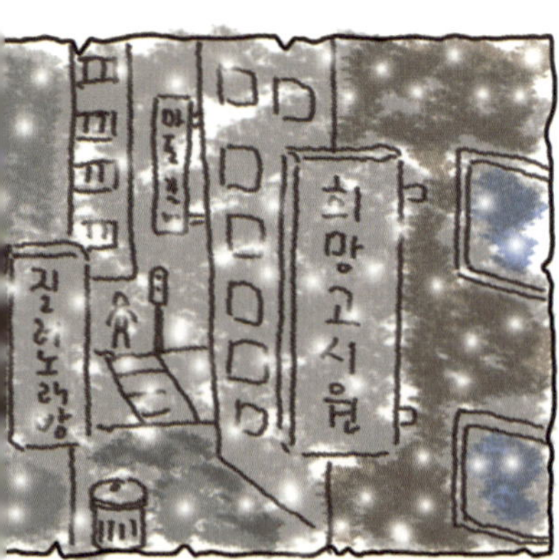

WC
쪼르르르~.

책상에 웬
사진이 있네?

엄마를 보고 싶어하면
안 되는 거예요?

엄마가 없는 사진은 싫어요.
이건 제가 갖고 있을 테니.

쓰윽
아빤 이 사진을….

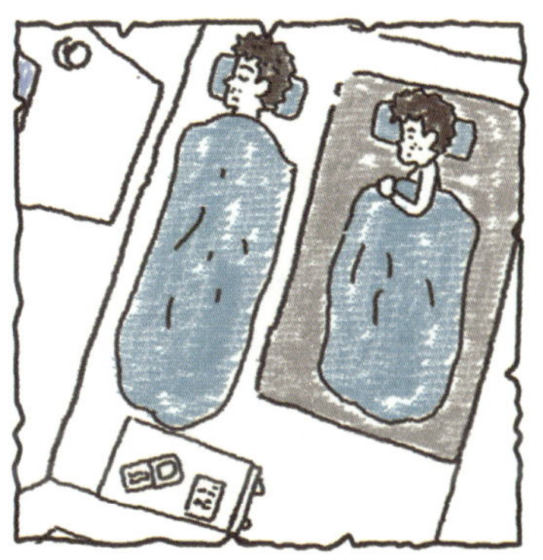

뒤척
뒤척
덜컹덜컹

희망고시원
길라노래방
휘이이잉~

버스터미널
1
2
3
날이 따뜻한 건 좋은데 눈이 녹아 온통 진창이구나.

아빠 왜 왼쪽 눈이 퉁퉁 부었어요?

그놈의 모기가 물어도 눈두덩이를 물었지 뭐냐. 그런데 네 눈은 모기가 양쪽을 물었구나.

모기에 물렸다면 아무도 믿지 않을 거예요. 겨울에 무슨 모기냐며.

철 모르는 모기 때문에 네가 거짓말쟁이가 되겠구나.

그래도 괜찮아요. 아빠와 나는 사실을 알고 있잖아요.

은우네 사진관에 갔었니?

예~.

네게 가장 소중한 걸 지켜주지 못해서 미안하구나.

제겐 세상에서 아빠가 가장 소중해요.

지금은 많이 힘들지만, 곧 좋은 날이 올 거야.

이렇게 따뜻한 채로 그냥 봄이 왔으면 좋겠구나.
저도 어서 봄이 와서 곤충 대결을 했으면 좋겠어요.

병만이의 곤충 일기

겨울에도 모기가 살 수 있는 이유

'처서가 지나면 모기 입이 삐뚤어진다.' 라는 속담을 들은 적이 있다. 처서란 24절기 중 하나로 더위가 한풀 꺾이고 아침저녁으로 선선한 바람이 불어오는 때를 말한다. 그러니까 이 속담은 처서가 지나면 모기도 힘이 빠져서 힘을 못 쓴다는 뜻인가 보다. 그런데 요즘은 서리가 내린다는 상강이 지나서도 모기가 있다. 이유는 지구 온난화로 인해 겨울에도 따뜻한 날이 많은 데다가 아파트는 난방 시설이 잘 되어 있어서 따뜻하기 때문이다.

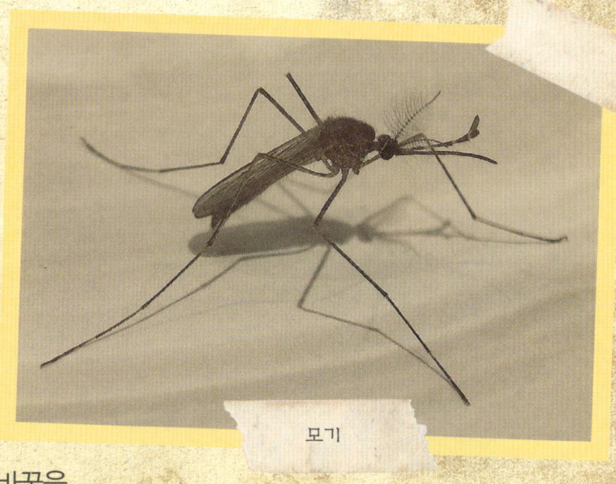
모기

암컷 모기는 한 번에 200개나 되는 알을 낳고 일생 동안 세 차례에서 일곱 차례까지 알을 낳는다. 또 번데기를 거치는 완전탈바꿈을 하는데, 알이 깨어나 성충이 되기까지의 기간이 매우 짧다. 그래서 더운 여름철이 되면 모기의 수가 일시에 늘어난다.

모기를 효과적으로 방제하는 방법은?

한겨울에 모기를 방제하는 것이다. 왜 우리의 여름밤을 귀찮게 하는 여름이 아니고 겨울이냐고? 고인 물속에서 애벌레 상태로 모여 사는 곳을 찾아 모기를 잡으면 여름에 모기를 잡는 것보다 더 효율적이기 때문이다. 아파트 정화조 안에서 사는 모기들에게 약을 뿌리는 것도 한 방법이다.

모기에 물리면 왜 가려울까?

모기는 가느다란 침을 사람의 피부에 빨대처럼 꽂아 피를 빨아 먹어. 그런데 사람의 피는 몸 밖으로 나오면 처음에는 걸쭉해졌다가 나중에는 딱딱하게 굳어. 피를 많이 흘리는 걸 막기 위해서 그런 거지. 이렇게 피가 굳어 버리면 모기는 피를 먹기 곤란해질 거야. 그래서 모기는 사람의 피를 빨 때 피가 굳지 않도록 자기의 침을 조금 집어넣어. 이 침이 사람 몸속으로 들어오면 우리 몸은 침입자가 들어왔다고 여겨서 알레르기 반응을 보이지. 이게 모기에 물리면 피부가 가려운 이유야.

그런데 사실 피부가 가려워지는 건 그리 중요한 문제가 아니야. 모기의 침을 통해 일본뇌염, 황열, 뎅기열, 말라리아를 일으키는 병균이 우리 몸속에 들어올 수 있다는 게 더 큰 문제지. 그런 병균 때문에 심하면 사망하기도 하니까 말이야. 그러니 일단 모기에 물리지 않는 것이 중요하지만, 물릴 위험이 있는 지역에 갈 때는 예방백신을 맞아서 만약에 대비해야 해.

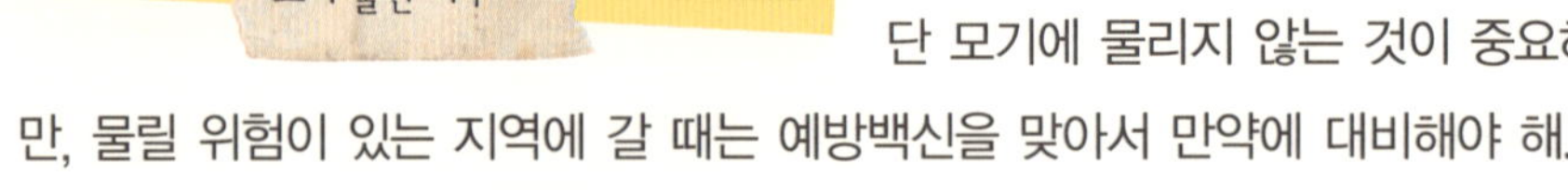

모기 물린 피부

모기가 날 때 앵 하는 소리가 나는 이유

모기의 크기는 작게는 몇 밀리미터이고, 크게는 1센티미터 남짓해. 그런데 그 조그마한 모기가 날 때 내는 소리가 만만치 않게 커. 특히 조용한 방 안에서 모기가 앵 하면서 귓가를 맴돌 때는 시끄러워서 참을 수가 없어. 그렇다면 이 요란한

소리는 모기의 어디에서 나는 걸까? 그건 바로 모기가 날개짓을 할 때 나는 소리란다. 모기의 날갯짓은 1초 동안 600번 이상 움직일 정도로 아주 빨라. 이렇게 빨리 움직이는 날개와 공기가 부딪쳐 진동하면서 앵 하는 소리가 나는 거야.

그런데 재미있는 건 모기의 날갯짓 소리가 종마다 다르다는 거야. 그래서 모기는 날갯짓 소리를 듣고 자기 짝을 알아볼 수 있단다. 물론 우리 귀에는 똑같은 소리로 들리지만 말이야.

사람을 무는 건 수컷이 아니라 암컷 모기!

모기가 사람을 무는 건 사람의 피를 빨아먹기 위해서야. 그렇다면 왜 사람의 피를 빨아먹는 걸까? 그건 뱃속에 들어 있는 알에게 영양분을 공급하기 위해서지. 그러니 모기에게 물렸다면 분명 암컷 모기에게 물린 거야. 수컷은 절대 피를 빨지 않거든. 대신 수컷은 과일즙이나 꿀, 이슬, 아니면 나무 수액 같은 걸 먹지.

짝짓기 후 암컷 모기가 건강한 알을 낳으려면 알들을 잘 키워야 하고 그러기 위해서는 사람의 핏속에 들어 있는 단백질이나 철분 같은 영양소를 필요로 해. 모기는 한 번에 200개 정도의 알을 낳는데, 그 많은 알들에게 영양분을 공급하려면 꽤 많은 피를 먹어야 할 거야. 그래서 배가 불룩해지도록 피를 먹고는 몸이 무거워서 제대로 날지도 못하는 경우가 많단다.

배가 빵빵하고 잘 날지 못하는 모기를 본다면, "저 녀석은 뱃속의 알을 가진 암컷 모기구나!" 하고 생각하면 틀림없지.

피를 빠는 모기

25. 흰개미

깜상, 기억을 되찾다

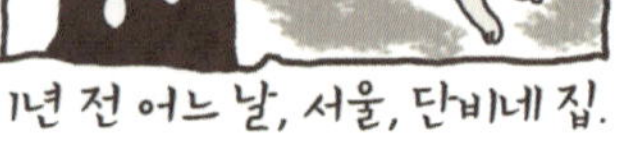

이름이 없다고?
넌 새까마니까
깜상, 어때?

깜상?
그다지 맘엔
안 들지만
그렇게 불러.

그래, 기억났어. 내 이름은
검둥이가 아니라 깜상이야.
그 이름은 단비가 지어 주었고.
내가 왜 여기서 자고 있지?

야, 너 전기
먹은 거야?

응, 나를 움직이는 에너지는
전기야. 네 이름은 깜상이고.
미래에서 지구를 지키려고 온
슈퍼 로봇이지.

어, 그래? 이거
꿈은 아니지?

당연하지. 말 나온 김에 한 마디
더 하면, 머지않아 너희 집
무너진다, 흰개미 때문에.

뭐, 우리 집이 흰개미 땜에
무너진다고?

어디, 어디?
두리번
두리번

뭐야, 흰개미가 어딨다고.
미래에서 왔는지 어쨌지는
모르겠지만, 이 녀석 순
뻥쟁이잖아.

투시 광선 발사!
지이잉~

자, 보라고.
와글와글
바글바글

어, 이거 어떡해.
우리 집 무너지겠네.

걱정 말고 조금만 기다려.
후루룩
짭짭

나무마다 침을
잔뜩 발라 놓네
할짝
할짝

빗자루
들고
잠깐만
기다려.

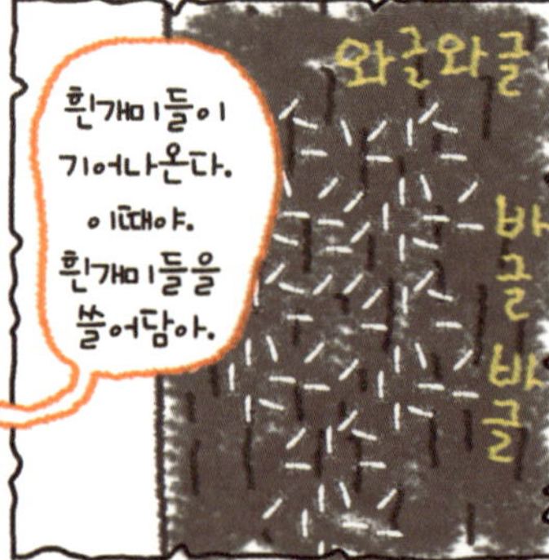
흰개미들이
기어나온다.
이때야.
흰개미들을
쓸어담아.
와글와글
바글바글

이놈들, 어딜
갉아
먹어!
우수수

이제 이걸 어쩌지?

어쩌긴. 전에 보니 닭 먹이로
귀뚜라미를 잡아다 주었잖아.

아참, 닭 모이로 쓰면 되겠구나.
그런데 어떻게 흰개미들이
네 침을 따라서 나왔지?

응, 내 침은 미래에 발명될
종합 해충 방제제야. 페로몬과 같은
화학 물질로 해충을 한꺼번에
모이게 하는 효력이 있지.

너가 미래에서 온 게 맞나
보네. 그럼 이제 어디로
갈 거야? 너와 함께 살았다던
단비네로 가니?

아니, 미래로 돌아가야지.
단비한테는 이야기하지 마.
내가 떠나면 다시 마음에
상처를 입을 테니까.

병만이의 곤충 일기

배 속에 원생동물을 키우고 사는 흰개미

흰개미는 주로 죽은 나무나 썩은 나무를 갉아먹는다. 그 밖에 썩은 식물이 들어 있는 흙이나 버섯, 아니면 풀을 먹기도 하지만 나무를 먹는 종이 가장 많다. 죽은 나무나 썩은 나무를 먹어치우기 때문에 '자연의 청소부'라는 별명을 갖고 있다.

하지만 나무로 지은 집을 먹어서 무너뜨리게 하거나 나무로 지은 문화재 건물을 먹어서 훼손시키기 때문에 해충이기도 하다. 그러고 보면 흰개미는 어떤 면에서 보면 익충이고, 다른 면에서 보면 해충이다. 흰개미는 보는 시각에 따라 해충도 되고 익충도 되는 곤충이구나!

그런데 흰개미는 그 질긴 나무를 먹고 어떻게 소화를 시킬까? 나무는 소화하기 힘든 섬유질로 되어 있는데 말이다. 해답은 배 속에 사는 원생동물에 있다. 흰개미가 나무를 씹어 먹으면 흰개미의 배 속에 사는 원생동물이 그걸 먹고 분해시킨다. 그러니까 흰개미는 원생동물에게 살기에 안전한 장소인 창자와 먹고 살아갈 수 있는 먹이를 주고 원생동물은 개미에게 나무의 섬유질을 분해시켜 소화를 할 수 있도록 돕는 것이다. 흰개미와 원생동물은 서로 돕는 공생관계이다. 진딧물과 개미처럼.

딱따구리도 탐내는 훌륭한 건축물, 흰개미집

흰개미는 나무줄기 속에 집을 짓는 경우가 많아. 하지만 나무줄기뿐만 아니라 땅속이나 땅속과 땅 위에 걸쳐서 집을 짓기도 해. 그런데 흰개미의 집은 다른 동물들이 탐을 내는 경우가 많아. 스스로 집을 짓느니 잘 지어 놓은 흰개미의 집을 공짜로 차지하는 것이 편하니까 말이야. 흰개미의 집은 흙에다 모래와 나무를 섞고 침으로 반죽해서 아주 튼튼할뿐더러 온도나 습도도 알맞고 통풍도 잘 되는 구조거든.

그래서 딱따구리 중에는 나무를 부리로 쪼아 집을 짓지 않고 흰개미의 집을 빼앗아 자기 집으로 삼는 녀석들도 있어. 딱딱한 나무에 구멍을 뚫자면 힘도 들고 시간도 오래 걸리니까 그러는 것이겠지.

흰개미집

그런데 딱따구리보다 더 못된 동물도 있어. 북아프리카에 사는 땅늑대나 땅돼지가 그놈들인데, 이 녀석들은 흰개미집을 발견하면 흰개미를 잡아먹은 다음 그곳에서 산다고 해. 그렇게 큰 동물들이 조그마한 개미가 지은 집에서 어떻게 사느냐고? 모르는 말씀! 흰개미의 집 중에는 3미터에서 6미터나 되는 큰 집이 얼마든지 있단다.

개미 사회보다 계급이 더 복잡한 흰개미 사회!

여왕개미, 일개미, 병정개미로 계급이 이루어져 있는 개미 사회보다 흰개미 사회는 더 나뉘어 있어. 우선 흰개미 무리에는 여왕개미만 있는 게 아니라 왕개미도 있지. 개미의 경우 혼인비행 이후 여왕개미 혼자서만 돌아와 알을 낳아 집단을 이루는데, 흰개미의 경우는 여왕개미가 왕개미와 같이 살면서 알을 낳아. 여왕개미는 알을 많이 낳기로 유명한데 일생 동안 100만 개의 알을 낳은 여왕개미도 있지. 여왕개미가 알을 낳기에 힘이 부치거나 죽었을 때를 대비해 부여왕개미도 있어. 하지만 부여왕개미는 여왕개미에 비해서 알을 많이 낳지는 못해.

또 흰개미 사회에는 개미 사회처럼 일개미, 병정개미가 똑같이 있지만 일개미나 병정개미를 구성하는 개미의 성별이 달라. 개미 사회의 일개미와 병정개미는 암컷으로만 구성되어 있는 반면, 흰개미 사회는 암컷과 수컷으로 구성되어 있지. 그렇지만 여왕개미만 알을 낳을 수 있다는 것은 같단다.

그리고 흰개미 중엔 생식개미도 아니고 일개미도 아니고 병정개미도 아닌 정체가 불분명한 개미가 있어. 적당한 일이 주어지기를 기다리는 대기조라고 할 수 있어. 한 부분의 구성원이 모자라면 바로 그 자리에 투입되는 역할이지. 특정 구성원이 힘에 부치거나 죽었을 때 재빨리 투입할 수 있는 대기조가 있으니 비상시에도 흰개미 사회는 무리 없이 돌아가겠지?

흰개미

26. 송장벌레

병만, 괴물과 마주치다

곤충 대결에 쓸 길앞잡이를 잡아야 하는데, 눈에 안 띄네.

요즘 들어 송장벌레가 왜 이리 많아졌지?

죽은 동물도 부쩍 눈에 많이 띄고 말이야.

다람쥐 밑에서 송장벌레들이 구덩이를 파나 보군.
움찔 움찔
들썩 들썩

송장벌레가 다람쥐를 흙에 묻고 있잖아. 장의사가 따로 없네.

곤충 연구소 쪽으로 갈수록 죽은 동물들이 많아지네.
Insect Food Res

끼리릭
끼릭
끼리릭!

사사삭~.
이게 무슨 소리지?

뭔가 기분 나쁜 분위기야. 죽은 동물들을 자꾸 봐서 그런가?

캐애액!
깜짝

끼리릭 끼릭
버둥 버둥
헉! 사슴벌레가 다람쥐를 잡아먹고 있어!

캑!

저건 수철이가 가져왔던 괴물 사슴벌레! 숲의 동물들을 죽인 게 저 녀석이었구나.

번쩍

이크, 저 녀석이 이제 나를 노리나 봐.

끼리릭 끼릭!
사사삭!

사람 살려!
후다닥!

사사삭~!

걸음아, 날 살려라!

...
끼리릭 끼릭 끼리릭!

병만이의 곤충 일기

곤충 세계의 하이에나, 송장벌레

송장벌레는 다람쥐나 새, 개구리 같은 작은 동물의 사체를 좋아한다. 이렇게 죽은 동물들을 먹어서 송장벌레라는 이름을 얻었다. 아무래도 정이 안 가는 이름이다. 그런데 사실 송장벌레는 자연에서 없어서는 안 되는 귀한 존재다. 동물이 죽으면 죽은 동물의 사체를 먹어치워 자연을 깨끗하게 청소해 주니까. 만약 동물의 사체가 썩어도 먹거나 해서 없애지 않는다면 동물 사체가 여기저기 가득하고 온통 동물 썩는 냄새로 진동할 거다. 그러니 송장벌레는 자연을 깨끗하게 만드는 자연의 청소부인 셈! 더 나아가 송장벌레가 먹다 남긴 찌꺼기들은 미생물의 먹이가 되고, 이렇게 미생물에 의해 분해된 동물의 사체는 거름이 된다. 결국 송장벌레는 식물의 훌륭한 양분까지 만들어 주는 셈이니 얼마나 기특한가!

송장벌레가 동물의 사체를 먹는 방법은 정말 기발하다. 동물의 사체를 발견하면 사체 밑으로 들어간다. 그런 다음 사체만 한 크기의 땅굴을 파고, 파낸 흙으로는 사체를 덮어 사체를 흙속에 파묻는다. 그러고는 동물의 사체에서 짝짓기도 하고 알도 낳는다. 그리고 알에서 깨어난 애벌레는 영양 만점의 밥이 되는 동물의 사체를 먹고 무럭무럭 자란단다.

송장벌레

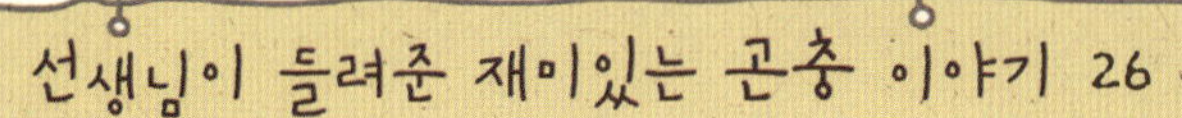

생태계를 순환시키는 자연의 청소부 곤충!

얼마전 배운 쇠똥구리와 오늘 배운 송장벌레의 공통점이 뭔지 아니? 뭐? 쇠똥구리는 소나 말의 똥을 먹이로 먹고, 송장벌레는 작은 동물의 사체를 먹이로 먹으니까 둘 다 식성이 특이하다는 점이라고? 옳거니, 선생님이 원하는 답은 아니지만 그것도 나름대로 정답이구나. 왜냐하면 오늘 선생님이 들려주고 싶은 얘기도 거기서 그렇게 멀지 않거든.

이 둘의 독특한 식성은 자연을 청소해 주는 역할을 한다는 거야. 그래서 쇠똥구리와 송장벌레는 자연의 청소부라고 할 수 있어. 이 녀석들 말고도 자연을 청소하는 곤충은 많이 있어. 반날개, 검정파리, 톡토기, 흰개미, 바퀴벌레 등이 그렇단다.

검정파리

반날개

톡토기

사건의 실마리를 찾아 주는 곤충, 법의학 곤충

살인 사건이 났을 때 사건을 풀어 나가는 데에 실마리를 찾아 주는 곤충이 있어. 이 곤충은 죽은 사람의 사망 시간을 알 수 있는 중요한 단서로 쓰이지. 이런 곤충을 법의학 곤충이라고 해. 법의학 곤충이라고 하니까 뭔가 대단한 곤충 같은데 사실은 그렇지 않아. 너희들이 이미 잘 알고 있는 곤충이거든. 조금 전에 이야기한 송장벌레, 반날개, 검정파리, 톡토기, 흰개미, 바퀴벌레 같은 곤충들 말이야.

그러면 이런 곤충들이 어떻게 사체의 사망 시간을 알려줄까? 그 이유는 의외로 간단해. 이 곤충들은 저마다 입맛이 다른데, 죽은 지 얼마 되지 않아 덜 부패된 사체를 좋아하는 종류와 죽은 지 오래되어 많이 부패된 사체를 좋아하는 종류로 나뉘어. 그래서 사체에 붙어 있는 곤충이 무엇인지 주의 깊게 잘 관찰하면 사망 시간을 추정해 낼 수 있단다. 곤충들이 범인을 잡는 데 큰 도움을 주는 걸 보면, '잘 관찰한 곤충 한 마리 열 수사관 안 부럽다.' 라는 말이 나올지도 모르지 않겠니?

27. 길앞잡이

죽음의 곤충식량연구소

그런데 재 지금
곤충식량연구소로
들어가잖아!

단비야, 거기
들어가면 안 돼!

곤충식량연구소
길앞잡이,
게 섰거라!
esearch Laboratory

저긴 위험한 곤충이
있을지도 모르는데.

단비야,
멈춰!
후다닥!

끼이익~

두리번 두리번
길앞잡이가
이곳으로
들어왔는데….

딱정벌레목
잠자리목
딱정벌레목?
여기로
들어갔나?

삐걱!

폭탄먼지벌레
딴벌레
우아, 갖가지
곤충들이
들어 있네.
장수풍뎅이
무당벌레

폭탄먼지벌레?
후후, 이름 참 재밌네.

끼리릭 끼릭
끼리릭
어머나!
이게
무슨 소리야?

헉!

끼리릭 끼릭 끼리릭!

끼리릭
끼릭
끼리릭

엄마야, 괴물이야.
나 어떡해?

끼리릭!
끼릭
끼리릭!
사사삭!
사사삭!
사사삭!
사, 사람 살려!

단비야!
덜컹!

주춤!
주춤!
저리 가!

천천히 뒤로 물러서. 문 밖으로 나가면
바로 뛰는 거야.
알았어!

사사사!
주춤주춤

끼리릭 끼릭 끼리릭!
뒤에
뭐가
있어!

쿠궁~
끼리릭
끼릭
끼리릭!
끼리릭
끼릭
끼리릭!
끼리릭
끼릭
끼리릭!
끼리릭
끼릭
끼리릭!

병만이의 곤충 일기

단거리 달리기의 챔피언, 길앞잡이

산길을 가다 보면 저 앞에서 재빨리 달렸다가 다가가면 또 재빨리 달려가는 곤충을 볼 수 있다. 바로 길앞잡이다. 앞서서 달리다 멈추고, 또 달렸다 기다렸다를 반복하는 행동을 보고, 마치 앞장서서 길을 안내하는 것처럼 보인다 해서 길앞잡이라고 이름을 붙인 거란다.

길앞잡이는 온몸에 여러 가지 강렬한 색깔을 두르고 있고, 길고 날카로운 턱이 달려 있다. 생김새만큼 성질도 난폭해서 곤충 세계의 폭군으로 알려져 있다. 옆을 슬쩍 지나가기만 해도 무작정 달려들어 잡아먹기 때문이다. 뿐만 아니라 달리는 속도도 굉장해서 눈 깜빡할 사이에 무려 2.5미터나 달려 나간다. 곤충 세계의 우사인 볼트라고 할 만하다. 하지만 계속 빨리 달리지는 못한다. 계속 달리는 게 아니라 재빠르게 달려가다 멈췄다가 다시 재빠르게 달렸다가 멈추기를 반복한다. 길앞잡이가 빨리 달리다가 갑자기 멈추는 이유는 몸이 달리는 속도는 빠른데 머리는 몸이 달리는 속도에 못 미치기 때문이란다. 즉, 생각의 속도보다 몸의 속도가 더 빨라서 달리는 중간 중간 멈춰야 생각의 속도가 몸의 속도를 따라잡을 수 있다는 말씀!

길앞잡이

평생 서서만 사는 길앞잡이 애벌레

길앞잡이 애벌레는 평생 한 번도 눕지 않고 몸을 곧추세우고 서서만 살아. 길앞잡이 애벌레의 집이 수직으로 뚫린 땅굴이기 때문이지. 땅속에서 부화한 길앞잡이 애벌레는 수직으로 깊이 굴을 파고 들어가 땅속 굴을 자기 집으로 삼고 어른벌레가 될 때까지 그 안에서 나오지 않거든. 그럼 땅굴에서 무얼 먹고 살까? 땅굴 곁을 지나가다가 땅굴 속으로 빠지는 벌레를 먹거나 땅굴 곁을 지나가는 벌레를 잡아먹지. 자기가 사는 땅굴 집을 덫으로도 사용하는 셈이야. 어른벌레처럼 길고 날카로운 턱이 있어서 벌레 사냥도 아주 잘 한단다.

자연 방제 2

곤충의 집합 페로몬을 이용해 해충을 잡는 방법

톱다리개미허리노린재

3장에서 곤충의 성 페로몬을 이용해 해충을 잡는 방법에 대해서 이야기했지? 이번엔 곤충의 집합 페로몬을 이용해 해충을 잡는 방법에 대해 이야기해 볼까? 집합 페로몬이란 한 마리의 곤충이 여러 동료 곤충들을 모이게 하기 위해 만들어내는 화학 물질이야. 곤충의 집합 페로몬을 이용해 해충을 잡는 방법은 성 페로몬을 이용해 해충을 잡는 방법과 같은 원리를 이용하지. 피해를 입는 작물에 그 해충의 집합 페로몬을 발라 놓은 뒤 해충들이 모여들면 한꺼번에 잡는 거야. 예를 들면 콩밭에 피해를 많이 주는 톱다리개미허리노린재를 잡을 때 톱다리개미허리노린재의 집합 페로몬을 콩밭 고랑마다 설치해서 한 곳으로 모이게 한 다음 잡는 방법이지.

갖춘탈바꿈과 안갖춘탈바꿈
번데기가 되는 시기가 있게, 없게?

곤충은 알에서 깨어나 어른벌레가 되기 위해서는 네 단계를 거쳐야 해. 알에서 깨어난 뒤, 애벌레가 되고, 또 자라면서 수차례 허물을 벗은 다음, 번데기가 되고, 번데기에서 나와 날개돋이를 해야 하지. 번데기가 되는 시기를 거친 다음에는 어른벌레가 되는데, 이것을 갖춘탈바꿈이라고 해.

그런데 모든 곤충이 네 단계를 거치는 것은 아니야. 길앞잡이나 네발나비는 네 단계를 거치지만 사마귀나 잠자리는 세 단계를 거쳐. 번데기 시기를 안 거치지. 이렇게 번데기 시기를 거치지 않고 약충이 된 다음 어른벌레가 되는 것을 안갖춘탈바꿈이라고 하지.

이제부턴 곤충을 만나면 그 곤충이 번데기가 되는 시기가 있는지 없는지를 따져 봐. 곤충을 좀 더 잘 알 수 있는 재미있는 공부 방법이란다.

갖춘탈바꿈 : 알 → 애벌레 → 번데기 → 성충(어른벌레)
안갖춘탈바꿈 : 알 → 애벌레 → 성충(어른벌레)

28. 폭탄먼지벌레

피할 수 없는 위험

우르르~
뿌앙~
빵~ 빵~
뿌웅~
폭탄먼지벌레가 방귀를 뀌고 있어.
캑캑! 끼릭! 캑캑! 캑캑! 끼릭! 캑캑!
사슴벌레들이 방귀 때문에 정신을 못 차리는데.
뿌앙! 캑캑! 뿌앙! 캑캑!
뿌앙! 캑캑! 뿌앙! 캑캑!
이때야. 달아나자!
후다다닥
끼리릭 끼릭 끼리릭!
끼리릭 끼릭 끼리릭!
끼리릭 끼릭 끼리릭!
빨리 연구소를 빠져 나가자!
arch Laboratory
사슴벌레들이 쫓아와.
끼리릭 끼릭
끼리릭
사사삭~

끼리릭 끼릭

휙~!

이크!
싹
탁

개울 쪽으로 달아나자!

Insect Food Research Laboratory
오른쪽 샛길로 빠지자!

왼쪽 모래톱이야.

단비야!
꽈당!

괜찮아?
헉헉 헉!

끼리릭 끼릭 끼리릭!

캬아악!

악!
엄마!

캬아악!

병만이의 곤충 일기

폭탄 같은 방귀를 뀌는 폭탄먼지벌레

폭탄먼지벌레는 몸통만 검정색이고 나머지 부분은 노란색이며, 날개딱지 양쪽으로 아메바 모양의 노란색 무늬가 있는 딱정벌레다. 녀석은 적이 나타나 위험을 느끼면 고약한 냄새를 풍기고 달아나 버린다. 고약한 냄새를 풍기는 바람에 방귀벌레라고도 부른다. 이처럼 냄새를 풍기는 벌레에는 폭탄먼지벌레 말고도 노린재, 모래거저리 등이 있다.

그런데 폭탄먼지벌레의 방귀에는 다른 방귀벌레의 방귀와 다른 점이 있다. 폭탄먼지벌레는 항문 주위의 분비샘에서 가스를 뿜어내는데, 그 가스의 온도가 무척 높다. 사람의 피부에 닿으면 화상을 입을 정도다. 또한 가스를 뿜어낼 때 방어 물질 이외에 산소도 함께 나오면서 폭발하는 듯한 방귀소리까지 난단다. 뿐만 아니라 방귀를 한 번만 뀔 수 있는 게 아니라 여러 번 반복해서 뀔 수 있다고 한다. 윽, 녀석은 나처럼 지독한 방귀쟁이인걸!

폭탄먼지벌레

시큼한 방귀를 뀌는 방귀벌레, 모래거저리

모래거저리는 이름 그대로 모래를 좋아해서 강가나 바닷가 모래에서 사는 딱정벌레야. 몸 전체가 시커멓고 딱지날개에 세로줄이 여러 개 나 있어. 모래거저리도 폭탄먼지벌레처럼 적이 나타나면 방귀를 뀌어서 적을 쫓아내는 방귀벌레야. 하지만 폭탄먼지벌레처럼 강력한 방귀를 내뿜지는 않아. 방귀 냄새도 폭탄먼지벌레만큼 고약하진 않아. 약간 시큼한 냄새가 날 뿐이지. 방귀가 강력하지 않아서일까? 모래거저리는 적이 나타났을 때 죽은 척을 해서 위기를 벗어나는 습성이 있어. 적이 나타났을 때 방귀라는 무기를 써서 적극적으로 쫓아내는 방법과 죽은 척을 해서 소극적으로 쫓아내는 방법 두 가지를 다 쓰다니 참 영리한 곤충이지?

모래거저리

곤충을 포함한 동물의 분류 방법!

지구에는 수많은 곤충이 있다고 했지? 그렇다면 수많은 곤충은 어떻게 나눌 수 있을까? 가장 쉬운 방법은 생김새가 비슷한 것들을 한 무리씩 묶어 나누는 방법이야. 잠자리목, 매미목, 노린재목, 벌목, 파리목, 딱정벌레목, 나비목 이렇게 말이야. 여기서 곤충 이름 뒤에 붙인 '목'은 동물을 분류할 때 쓰는 단계야. '목'을 묶어 다시 더 큰 분류 단계인 '강'을 붙여서 '곤충강'이라고 하지. 동물을 분류하

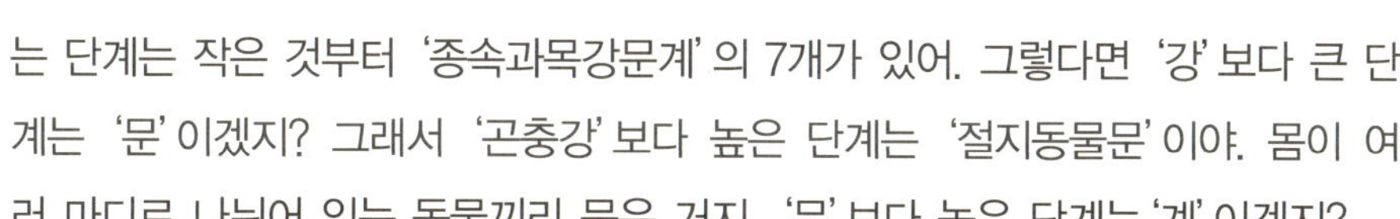

는 단계는 작은 것부터 '종속과목강문계'의 7개가 있어. 그렇다면 '강'보다 큰 단계는 '문'이겠지? 그래서 '곤충강'보다 높은 단계는 '절지동물문'이야. 몸이 여러 마디로 나뉘어 있는 동물끼리 묶은 거지. '문'보다 높은 단계는 '계'이겠지?

폭탄먼지벌레를 예로 들어볼까? 먼지폭탄벌레는 동물계, 절지동물문, 곤충강, 딱정벌레목에 속하지. 딱정벌레는 폭탄먼지벌레나 모래거저리, 하늘소, 풍뎅이처럼 온몸에 딱딱한 껍데기를 두르고 있어서 갑충이라고도 하는 곤충을 말해.

누가 더 진화한 곤충일까?

날개가 있는 곤충과 날개가 없는 곤충 중에서 누가 더 진화한 곤충일까? 정답은 날개 있는 곤충이야. 잠자리나 하루살이처럼 날개 있는 곤충이 톡토기나 좀 같은 날개 없는 곤충보다 더 진화한 곤충이라는 뜻이지. 우리가 알고 있는 대부분의 곤충들은 날개가 있단다. 그렇다면 같은 날개라 해도 날개를 접을 수 있는 곤충과 날개를 접을 수 없는 곤충 중에서 누가 더 진화한 곤충일까? 눈치챘겠지만 날개를 접을 수 있는 곤충이야. 날개를 접을 수 있으면 적을 만났을 때 날개가 나뭇가지에 걸리지 않게 하면서 유유히 도망칠 수 있거든.

마지막 문제를 내 볼게. 날개를 접을 수 있는 곤충 중에는 갖춤탈바꿈을 하는 곤충과 안갖춤탈바꿈을 하는 곤충이 있는데 이 둘 중에서 누가 더 진화한 곤충일까? 뭐? 갖춤탈바꿈하는 곤충이라고? 딩동댕! 메뚜기나 잠자리보다 네발나비나 길앞잡이 같이 네 단계를 거쳐 탈바꿈을 하는 곤충이 더 진화했단다.

슈퍼 로봇 깜상의 개미귀신 권법

1년 전 여름. 태풍 불던 날.

깜상 너 어떻게 하려고 그래?
휘이이잉~

더운 공기를 빨아들여
식혀서 태풍의
에너지를 없앨 거야.

안 돼. 그러다간
죽을지도 몰라.

단비야,
안녕!

흐으으읍~
뿌웅~
뿌아아앙~

흐으으읍~
뿌아아앙~

쾅
콰콰콰쾅

안 돼, 깜상!
안 돼!

이렇게 가까이에 네가 살아 있는
줄도 모르고 바보같이.

끼리릭 끼릭 끼리릭!
끼리릭 끼릭 끼리릭!

끼리릭 끼릭 끼리릭!
끼리릭 끼릭 끼리릭!
놈들이
공격한다!

캬아악!
연습한 권법을
사용할 때가 되었군.
개미귀신 권법!
휘리릭
파파팍!
휘리릭~
깜상이 지금 뭐하는 거지?
개미귀신처럼
모래 함정을 만드나 봐.
파파파팍~
덤벼라, 이 괴물들아!
캬아악!
다 먹어 버리겠다!
사슴벌레들이
구덩이로 굴러
떨어지고 있어!
깜상의 입이 커지면서
사슴벌레들을 삼키고 있어.

블랙홀 권법!

모두 으스러뜨려라!

구멍이가 모래에
파묻히고 있어.

깜상 빨리 빠져나와!

허우적
허우적

깜상 안 돼! 이렇게 또
사라져 버리면 안 돼!

팍팍
팍

팍팍
팍
아무리 파도 도로
모래로 메워져.

그만해, 이젠 소용없어.

어렵게 만났는데 이렇게 다시
죽어 버리다니. 안 돼, 깜상.

들썩들썩!

사슴벌레들이
나오나 봐.
들썩
들썩

쑥!

까 깜상

쑤욱!

숨 막혀서 죽는 줄 알았네.
어우, 흙투성이가 됐네!
탁
탁
탁

깜상!
와락!

캑캑. 야, 이거 놔 줘.
숨 막힌다니까.

깜상 너 자꾸 사람 놀래킬래?

야, 그만 울어. 울다가 웃으면
엉덩이에 털 난대.
씰룩
씰룩

정말 털이 나?
어디 어디?

병만이의 곤충 일기

개미지옥을 만들고 개미를 기다리는 개미귀신

강가 모래밭을 걷다 보면 개미지옥이라고 하는 구덩이를 발견할 수 있다. 개미지옥의 주인은 명주잠자리의 애벌레인 개미귀신이다. 개미귀신이라는 이름은 송장벌레라는 이름처럼 괴기스러운데, 이름만큼이나 생김새도 흉측하다. 어두운 갈색의 타원형 몸에 온통 진흙을 뒤집어쓰고 탈모된 것처럼 털이 듬성듬성 나 있다.

개미귀신은 마른 모래밭에 깔때기 모양의 함정을 파고 안에 들어가 자신의 집인 개미지옥을 짓는다. 그런데 집을 짓는 방법이 좀 우습꽝스럽다. 일단 꽁무니를 흔들며 뒤로 물러나서 꽁무니부터 빙글빙글 돌면서 땅 속으로 파고 들어간다. 그렇게 해서 입구가 가파른 모래함정을 만든다. 이렇게 함정을 만들어 놓고 저승사자처럼 기다리다 지나가는 곤충이 미끄러져 빠지면 '야호!' 하고 냉큼 잡아먹는다. 이름과 모양뿐만 아니라 습성까지 음흉하고 흉측하지만 개미귀신이 어른으로 탈바꿈하면 아주 아름다운 날개와 날씬하고 매끈한 몸매를 가진 명주잠자리가 된다니, 참 신기하다.

개미귀신

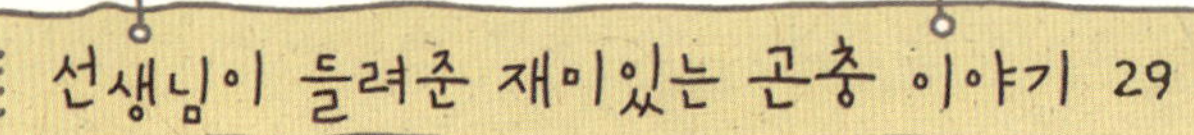

명주잠자리는 잠자리가 아니다?

명주잠자리는 이름이 잠자리지만 잠자리가 아니야. 투명한 날개 두 쌍에 가늘고 긴 몸매가 영락없이 잠자리를 쏙 빼닮았는데도 말이지. 명주잠자리는 잠자리와는 전혀 다른 종류인 풀잠자리과에 속한단다. 즉 잠자리가 아니라 풀잠자리야. 풀잠자리는 잠자리보다 훨씬 진화한 곤충이야. 내려앉을 때 잠자리는 날개를 접지 못하지만 풀잠자리는 접을 수 있거든. 날개를 접을 수 있다는 건 날개를 펴는 것보다 공간을 작게 차지해서 좁은 장소에도 숨을 수 있고 숨을 때도 날개가 덜 걸리적거려서 잘 숨을 수 있지. 즉 날개를 접을 수 있다는 건 더 유리하게 신체가 진화했다는 거야. 또 명주잠자리는 번데기 시기를 거치는 갖춤탈바꿈을 하는 데 비해 잠자리는 번데기 시기를 거치지 않는 안갖춤탈바꿈을 해. 그러니 명주잠자리가 더 진화한 곤충이지.

명주잠자리

먹이에 따라 다른 곤충의 다양한 입 모양

개미지옥으로 개미가 굴러 떨어지면 개미귀신은 집게 모양으로 생긴 날카로운 큰 턱으로 개미를 덥석 물어. 그리고 개미의 몸에 소화효소를 넣어 체액을 녹인 후 빨아먹지. 그러니 찌를 수 있는 큰 턱과 빨아먹기 좋은 입 모양을 하고 있어.

매미는 나무의 진을 빨아먹을 수 있도록 침같이 생긴 입 모양을 하고 있어. 노린재는 육식을 하지만 매미처럼 침같이 생긴 입 모양을 하고 있지.

빠는 입 모양을 가진 대표적인 곤충은 뭐니 뭐니 해도 나비야. 달콤한 꿀을 빨아먹어야 하니까.

메뚜기를 잡아먹는 사마귀는 씹는 입 모양을 하고 있고, 메뚜기 역시 씹는 입을 하고 있어. 같은 씹는 입이라 하더라도 메뚜기의 입은 풀잎을 씹기에 알맞고, 사마귀의 입은 다른 곤충을 씹어 먹기에 좋은 모양이야.

그리고 파리는 물기가 많은 먹이를 먹기에 알맞은 핥는 입 모양을 하고 있지.

애벌레의 이름이 따로 있는 곤충

명주잠자리 애벌레의 이름을 개미귀신이라고 하는 것처럼 다른 곤충의 애벌레 이름도 따로 있어. 개의 새끼는 강아지, 말의 새끼는 망아지, 소의 새끼는 송아지라고 부르는 것처럼 모기의 애벌레는 장구벌레, 파리의 애벌레는 구더기로 말이야! 그런데 같은 파리목에 속하는 초파리 애벌레의 이름은 초눈이야. 또 나방의 애벌레 이름은 좀 재미나. 솔잎을 먹고 사는 송충이는 솔나방의 애벌레 이름이고, 감자를 먹고 사는 감자벌레는 박각시나방의 애벌레 이름이고, 사람을 쏘는 쐐기는 쐐기나방의 애벌레 이름이란다. 나비 애벌레의 이름은 좀 평범해. 배춧잎을 뜯어먹고 사는 얄미운 배추벌레는 배추흰나비의 애벌레 이름이지.

30. 네발나비

그리운 얼굴

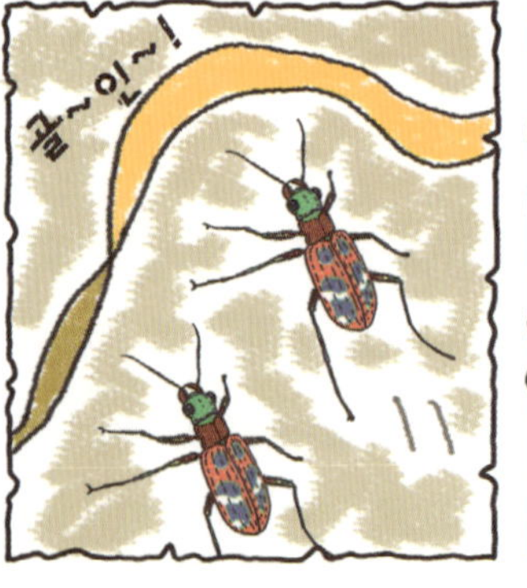

딩동댕
얘들아,
내일 보자.
그래, 너도
안녕!

저기 길가에 웬 나비들이
잔뜩 앉아 있네.
BUS

저거 네발나비야.

네발나비? 발이 네 개란 건가?

딩동댕! 이름만 듣고도
금방 알아채네.

곤충 마스터의 친구인데
이 정도는 돼야지.

곤충 마스터는 무슨!
아직 도 대회에도
못 나가 봤는데.

야, 버스
온다!
무릉 《 장수 》 진촌 BUS

》 진촌 BUS
WOODY

무릉 43 신촌
오일장
WOODY
푸르륵~

끼이익~
야, 나비들이 춤을 추는 것 같아.
덜컹!
왜 그래? 아는 사람이야?

병만이의 곤충 일기

다리가 네 개뿐인 네발나비

네발나비는 이름 그대로 다리가 네 개인 나비다. 다른 나비들은 다리가 세 쌍, 즉 여섯 개인데 네발나비는 다리가 네 개뿐이라니 이게 어떻게 된 일일까? 그건 네발나비의 앞다리 한 쌍이 퇴화해 흔적만이 남아 있기 때문이다. 그런데 퇴화라고는 하지만 크기만 아주 작아졌을 뿐이고 맛을 느끼는 역할은 여전하다.

네발나비는 날개의 무늬가 물결 모양, 표범 모양, 뱀눈 모양, 여덟 팔(八) 자 모양, 유리창처럼 투명한 창 무늬가 있는 모양 등 무척 다양하고 화려하다. 종류도 왕나비, 뿔나비, 물결나비, 뱀눈나비, 표범나비, 오색나비, 부처나비 등이 무척 많다. 이것들이 모두 네발나비와 같은 무리다. 네발나비들은 겨울 동안 낙엽이 많이 쌓인 곳에서 겨울잠을 자다가 봄이 되면 꽃이 핀 곳을 찾아 날아다닌다.

네발나비

나비와 나방은 어떻게 구분할까?

나비와 나방은 얼핏 보면 서로 비슷해 보이지만 자세히 관찰해 보면 다른 점이 무척 많아. 우선 날아다니다가 쉬기 위해 앉는 모습부터 달라. 나비는 두 날개를 몸 쪽으로 바싹 모아 접고 앉는 반면 나방은 날개를 몸 바깥쪽으로 활짝 펴고 앉지. 생김새에서 가장 크게 차이가 나는 부분은 더듬이 모양이야. 나비의 더듬이는 끝이 뭉뚝하게 생겼어. 리듬체조 선수, 손연재가 들고 돌리는 곤봉 모양과 비슷하지. 반면 나방의 더듬이는 일자로 뻗어 빗살 모양으로 가지가 달려 있어. 마치 새의 깃털을 더듬이로 달고 있는 것 같아 보인단다. 나비는 몸이 가늘고 몸에 비해 날개가 꽤 큰 편이지만 나방은 몸이 굵고 몸통에 비해 날개가 작은 편이야. 날아다니기 좋아하는 시간대도 서로 달라서 나비는 낮에 활동하지만 나방은 밤에 활동을 한단다.

나비를 맨손으로 만지면 눈이 먼다고?

나비의 날개는 아주 작은 인분(나비, 나방 따위의 날개에 있는 비늘 모양의 분비물)으로 되어 있어. 나비 날개의 화려하고 고운 색은 인분에 들어 있는 색소로 만들어진 것이고, 다양한 무늬는 인분이 어떻게 배열되어 있느냐에 따라 다르게 보이지.

그런데 나비의 날개를 맨손으로 만지면 눈이 먼다는 말이 있어. 이 겁나는 말이 사실일까? 나비의 인분을 현미경으로 들여다보면 넓은 타원형으로 생겼어. 반면 나방의 인분은 좁은 타원형으로 생겼지. 끝 모양까지 날카롭게 생겨서 맨손으로 만지면 위험해. 나방의 날개를 만진 다음 눈을 비비면 각막이 날카로운 인분에 긁혀 상처를 입을 수가 있거든. 나비든 나방이든 맨손으로 만졌다면 손을 깨끗이 씻는 것이 좋단다.

곤충의 독특한 시각과 청각

나비는 사람에게는 없는 독특한 능력을 갖고 있어. 사람은 빛 가운데 가시광선만 볼 수 있지만 나비는 가시광선은 물론이고 자외선도 볼 수 있지. 그래서 날개의 무늬와 색깔을 섬세하게 구분할 수 있단다. 이렇게 좋은 나비의 시력은 수많은 나비 중에 자기 종에 속하는 나비가 어떤 나비인지 알아내거나 암컷이 어디 있는지 찾아내기 위해 생겨났어.

매미는 시끄럽게 울어대기도 잘하지만 귀도 민감하게 발달했어. 매미는 배로 소리를 내고 귀도 배마디에 있는데, 같은 종의 매미가 우는 소리에 특히 민감해. 그래야 암컷 매미가 울음소리로 자기 종을 알아보고 짝짓기를 할 수 있지.

베짱이는 두 날개를 비벼서 노래를 하고, 귀 역할을 하는 고막은 앞다리 종아리 바깥쪽에 있어. 베짱이의 노랫소리는 누가 들을까? 그야 당연히 암컷 베짱이겠지. 귀뚜라미에게도 앞다리 마디에 고막이 있어서 소리를 들을 수 있어.

박각시나방은 청각이 무척 발달해서 소리를 들을 수 있는 가청 범위가 무척 크지. 사람의 가청 범위는 20~2만 헤르츠인 데 비해 박각시나방의 가청 범위는 3천~15만 헤르츠로 사람의 가청 범위보다 훨씬 넓단다. 덕분에 박쥐 같은 천적이 내는 초음파 소리를 듣고 공격을 미리 피할 수도 있지.

숨은 그림 찾기
숲속에는
여러 곤충이
숨어 있어요.
눈을 크게 뜨고
찾아 보세요.